『吃个明白』系列丛书

钙

油盐酱醋
吃个明白

车会莲◎主编

U0246527

氨基酸

蛋白质

植物油 井盐 肉酱 辣椒酱 井盐 辣椒酱 精制盐 植物油 精制盐 辣椒酱 肉酱 井盐 植物油 粗

碘盐 竹盐 白醋 辣椒酱 竹盐 芝麻酱 陈醋 特种食盐 碘盐 特种食盐 豆瓣酱 白醋 陈醋 竹盐 碘盐

陈醋 黄酱 芝麻酱 黄酱 甜面酱 动物油 草莓酱 黄酱 甜面酱 动物油

中国农业出版社

北京

图书在版编目（CIP）数据

油盐酱醋吃个明白/车会莲主编. —北京：中国
农业出版社，2018.10
ISBN 978-7-109-23834-3

Ⅰ.①油… Ⅱ.①车… Ⅲ.①食用油-基本知识②调
味品-基本知识 Ⅳ.①TS225②TS264.2

中国版本图书馆CIP数据核字（2018）第006764号

中国农业出版社出版
（北京市朝阳区麦子店街18号楼）
（邮政编码 100125）
责任编辑 黄曦

北京中科印刷有限公司印刷 新华书店北京发行所发行
2018年10月第1版 2018年10月北京第1次印刷

开本：710mm×1000mm 1/16 印张：14.75
字数：250千字
定价：48.00元
（凡本版图书出现印刷、装订错误，请向出版社发行部调换）

丛书编写委员会

主　　编　孙　林　张建华

副 主 编　郭顺堂　孙君茂

执行主编　郭顺堂

编　　委（按姓氏笔画排序）

　　　　　车会莲　毛学英　尹军峰　左　锋　吕　莹

　　　　　刘博浩　何计国　张　敏　张丽四　徐婧婷

　　　　　曹建康　彭文君　鲁晓翔

总 策 划　孙　林　宋　毅　刘博浩

本书编写委员会

主　　编：车会莲

参编人员：赵秋然　路玲玲　高睿晗　何　枫

序 言
preface

民以食为天，"吃"的重要性不言而喻。我国既是农业大国，也是饮食大国，一日三餐，一蔬一饭无不凝结着中国人对"吃"的热爱和智慧。

中华饮食文化博大精深，"怎么吃"是一门较深的学问。我国拥有世界上最丰富的食材资源和多样的烹调方式，在长期的文明演进过程中，形成了美味、营养的八大菜系、遍布华夏大地的风味食品和源远流长的膳食文化。

中国人的饮食自古讲究"药食同源"。早在远古时代，就有神农尝百草以辨药食之性味的佳话。中国最早的一部药物学专著《神农本草经》载药365种，分上、中、下三品，其中列为上品的大部分为谷、菜、果、肉等常用食物。《黄帝内经》精辟指出"五谷为养，五果为助，五畜为益，五菜为充，气味和而服之，以补精益气"，成为我国古代食物营养与健康研究的集大成者。据《周礼·天官》记载，我国早在周朝时期，就已将宫廷医生分为食医、疾医、疡医、兽医，其中食医排在首位，是负责周王及王后饮食的高级专职营养医生，可见当时的上流社会和王公贵族对饮食的重视。

吃与健康息息相关。随着人民生活水平的提高，人们对于"吃"的需求不仅仅是"吃得饱"，而且更要吃得营养、健康。习近平总书记在党的十九大报告中强调，中国特色社会主义进入新时代，我国社会主要矛盾已经转化为人民日益增长的美好生活需要和不平衡不充分的发展之间的矛盾。到2020年，我国社会将全面进入营养健康时代，人民群众对营养健康饮食的需求日益增强，以营养与健康为目标的大食品产业将成为健康中国的主要内涵。

面对新矛盾、新变化，我国的食品产业为了适应消费升级，在科技创新方面不断推

出新技术和新产品。例如马铃薯主食加工技术装备的研发应用、非还原果蔬汁加工技术等都取得了突破性进展。《国务院办公厅关于推进农村一二三产业融合发展的指导意见》提出："牢固树立创新、协调、绿色、开放、共享的发展理念，主动适应经济发展新常态，用工业理念发展农业，以市场需求为导向，以完善利益联结机制为核心，以制度、技术和商业模式创新为动力，以新型城镇化为依托，推进农业供给侧结构性改革，着力构建农业与二三产业交叉融合的现代产业体系。"但是，要帮助消费者建立健康的饮食习惯，选择适合自己的饮食方式，还有很长的路要走。

2015年发布的《中国居民营养与慢性病状况报告》显示，虽然我国居民膳食能量供给充足，体格发育与营养状况总体改善，但居民膳食结构仍存在不合理现象，豆类、奶类消费量依然偏低，脂肪摄入量过多，部分地区营养不良的问题依然存在，超重肥胖问题凸显，与膳食营养相关的慢性病对我国居民健康的威胁日益严重。特别是随着现代都市生活节奏的加快，很多人对饮食知识的认识存在误区，没有形成科学健康的饮食习惯，不少人还停留在"爱吃却不会吃"的认知阶段。当前，一方面要合理引导消费需求，培养消费者科学健康的消费方式；另一方面，消费者在饮食问题上也需要专业指导，让自己"吃个明白"。让所有消费者都吃得健康、吃得明白，是全社会共同的责任。

"吃个明白"系列丛书的组稿工作，依托中国农业大学食品科学与营养工程学院和农业农村部食物与营养发展研究所，并成立丛书编写委员会，以中国农业大学食品科学与营养工程学院专家老师为主创作者。该丛书以具体品种为独立分册，分别介绍了各类食材的营养价值、加工方法、选购方法、储藏方法等。注重科普性、可读性，并以生动幽默的语言把专业知识讲解得通俗易懂，引导城市居民增长新的消费方式和消费智慧，提高消费品质。

习近平总书记曾指出，人民身体健康是全面建成小康社会的重要内涵，是每个人成长和实现幸福生活的重要基础，是国家繁荣昌盛、社会文明进步的重要标志。没有全民健康，就没有全面小康。相信"吃个明白"这套系列丛书的出版，将会为提升全民营养健康水平、加快健康中国建设、实现全面建成小康社会奋斗目标做出重要贡献！

万宝瑞

原农业部常务副部长
全国人大农业与农村委员会原副主任委员
国家食物与营养咨询委员会名誉主任

前　言
introduction

　　元代杂剧《百花亭》里有一首当家诗写到"教你当家不当家，及至当家乱如麻。早起开门七件事，柴米油盐酱醋茶"。每个中国人，几乎天天都要跟柴米油盐酱醋茶这七件事打交道。油盐酱醋更是灶台厨房里的"四大名角"，唱响着中国博大精深的饮食文化，在老百姓朴实的生活中既平平淡淡地存在着，又浓墨重彩地"装扮"着。

　　如今，关于"吃"的科学不断发展，人们在饮食上不仅要求色、香、味兼备，也越来越注意营养的均衡和健康。编者从事营养和食品安全的教学与研究十余年间，见证了"厨房灶间"的知识拓展与更新的惊人速度。在这样的背景下，我意识到为老百姓编写一本先进、实用的饮食科普应用书是十分必要的。因此，欣然加入到"吃个明白"系列丛书的编写队伍中，对日常生活中的油盐酱醋相关知识进行较全面、系统地汇总，编制成这本《油盐酱醋吃个明白》奉献给各位读者。

　　本书是一本科普与应用、理论和实践相结合的生活工具书。目的是向社会大众科普油盐酱醋相关的科学知识，传达健康饮食的生活理念。在编制过程中参阅了大量食品、营养相关领域的书籍以及国内外文献资料，结合具有鲜明传统特色的饮食文化，综合考虑我国居民的饮食习惯以及特殊人群的健康需求，力求保证本书的科学性、可读性和实用性。本书主要分为四个部分，分别为"撕名牌：认识油盐酱醋""直播间：油盐酱醋在线""开讲了：吃个明白""热知识、冷知识"。

　　我国饮食文化内涵丰富，历史灿烂悠久，在不同时期、不同地域都能彰显其独特魅力。要想真正地了解油盐酱醋，在历史中寻根求索是必不可少的，因此，编者在"撕名牌"的部分着重对油盐酱醋的历史由来、发展脉络进行了系统梳理，并浅显地介绍了油盐酱醋的种类，希望读者能够带着一丝好奇和敬意在开篇中细细品味我国饮食文化独特

的历史韵味。

"直播间"作为本书的重点部分，主要对老百姓家中常见的具体种类的油盐酱醋展开详细介绍，从营养和实用的角度重点阐述了其具体的营养价值，我们在日常生活中应该如何选购优质的油盐酱醋以及在储存方面的注意事项和小窍门等，同时还着重介绍了不少历史悠久的中外名优特产。在查阅资料的过程中，编者为古代先民的智慧和勤劳所折服，阅读了许多颇具趣味的传说故事，于是，择其一二编写入本章，希望能和读者一起分享。"直播间"是编者花费心思最多的章节，最想向读者推荐的就是汇集老百姓生活智慧的生活小贴士部分了，大家在闲暇时间不妨去实践一番里面推荐的厨房调味品的花式妙用，一定会有意外的收获。

如果说"直播间"介绍的主要对象是厨房里的瓶瓶罐罐，那么第三部分"开讲了：吃个明白"就是在向瓶瓶罐罐的主人们倡导科学健康的烹调方式。特殊人群的饮食与健康越来越受到关注，因此，在本章节中，编者在兼顾健康饮食理念传达的同时，偏重表达了对诸如老年人、"三高"（高血压、高血脂、高血糖）人群、孕妇、儿童等特殊人群的油盐酱醋科学食用建议。第四部分"热知识、冷知识"则主要针对一些不科学的广告、谣言传言和生活现象进行科学解释，希望读者能够在油盐酱醋小知识的学习和传播过程中审慎、理智，科学、健康地度过自己的每一天。

编者多年来一直致力于营养和食品安全理论与健康生活的完美结合，对本书的编写也倾注了极大的热情，付出了大量的心血。希望读者能够通过阅读本书了解日常饮食中的科学奥秘，体会祖国饮食文化的博大精深，建立健康的饮食理念，同时，也欢迎读者分享交流关于本书的感悟和启发。

本书在编写过程中参考了许多相关领域的书籍、文献和图文资料，在此对这些书籍和文献的作者表示感谢，同时也向大力支持和参与本书编写工作的编辑部各位老师表示衷心的感谢。由于现代食品的科学技术和理论知识发展迅猛，受编者专业水平、能力和经验所限，书中的错误和疏漏之处敬请各位读者给予批评指正，以待改进，在此，编者深表谢意。

编者

2018年8月

目　录
C o n t e n t s

三、开讲了：

吃个明白

四、热知识、冷知识

撕名牌：
认识油盐酱醋

（一） 油

1. 说说油的来历

在我国，很早就有关于油的传说故事记载。《黄帝内传》中就有："王母授帝以九华灯檠，注膏油于卮，以燃灯。"意思是，油是由西王母传授给黄帝的。清代官修的大型类书《渊鉴类函》中另有记载："黄帝得河图书，昼夜观之，乃令牧采木实制造为油，以绵为心，夜则燃之读书，油自此始。"说的是，先祖黄帝得到了一本叫做《河图》的书，不分昼夜地阅读，从书中得到启示，采集树木的果实来做油，然后用丝绵做油芯，晚上点燃用来照明读书。而实际上，黄帝时期并没有书籍或者榨油技术流传，而且据后来考证，植物油出现在动物油之后，所以这两种说法只属传说，并不可信。

人类在懂得用火之后，在烹制肉类的过程中发现了油脂析出的现象，然后在长期的实践过程中慢慢懂得了如何制油和用油。远古时期的食用油都是动物油，且在初有文字时，并无"油"字，而是称油为"膏"或"脂"。《释名》曰"戴角曰脂，无角曰膏"，《周礼·冬宫·梓人》中也有"天下之大兽五：脂者、膏者、裸者、羽者、鳞者"的记载，这里是用脂、膏指代两类动物油。这也说明了古人对不同的动物油有各自的称谓，有角的动物提炼出来的称为"脂"，没有角的动物提炼出来的叫做"膏"，所以牛油、羊油统称为"脂"，而猪油、狗油称为"膏"。同样是脂，在脊又曰"肪"，在骨又曰"䏶"，而兽脂聚，又曰"䐃"。

古代的"油"字、"膏"字、"脂"字写法

　　古代早期，烹饪都是使用提取的荤油。《齐民要术》中的"猪脂取脂"的记载，其大致的提炼方法就是炒，把动物脂肪剥下来切成大块儿炒，炒至融化成膏，然后再冷却变成脂。周代时脂膏的烹饪用法大致分为三种，一种是放入膏油煮肉，一种是用膏油涂抹以后将食物放在火上烤，还有一种就是直接用膏油炸食品。《礼记·内则》在记述"八珍"中"炮豚"（豚，古时指猪）的做法时就有一道工序，是要把豚放进膏油中炸，膏油要完全浸没所炸之豚。

　　不仅如此，古人还会根据不同情况使用专门的油来烹调。《周礼·天官·疱人》中有记载："凡用禽献，春行羔豚，膳膏香；夏行腒鱐，膳膏臊；秋行犊麛，膳膏腥；冬行鱻羽，膳膏膻。"疱人是指掌天子膳食，供应肉食的官。这段话的大致意思是，疱人在不同的季节使用不同的油煎烹各种鸟兽，春天用牛油煎小羊、乳猪；夏天用狗油煎野鸡和鱼干；秋天用猪油煎小牛和小鹿；冬天则用羊油煎鲜鱼和大雁。不同形态的油搭配的材料也不同，《礼记·内则》记当时烹饪："脂用葱，膏用韭。"此处的脂是指凝固的油，膏指的是融化的油。

　　古人在使用了很长一段时间的动物油后，因为榨油技术的诞生，生活中才开始有了植物油。植物油的提炼，大约从汉代开始，主要的油料作物是"胡麻"，也就是张骞从大宛带来的芝麻，但是当时制作出来的植物油并不做食用，而是用于制作绢布。在《三国志·魏志》中也有把芝麻油作为照明燃料的记载。晋人张华《博物志·卷四·物理》中有记："煎麻油。水气尽无烟，不复沸则还冷。可内手搅之。得水则焰起，散卒不灭。"由此可知，芝麻油是最早食用的植物油。《博物志》上还记有麻油制豆豉的方法："外国有豆豉法：以苦酒浸豆，暴令极燥，以麻油蒸讫，复暴三过乃止。"

"油"字原本是水名的专称，出自《说文》："油水，出武陵屏陵西，东南入江。"而油又含有流动、光润的意义，所以在植物油出现之后，逐渐被作为脂油的意义使用，并随着植物油的广泛应用，"油"字渐渐地作为动、植物油以及其他油类的通称。

到了宋代，食用植物油的情况更加普遍，种类也进一步丰富，有麻油、豆油、菜油、茶油等。沈括的《梦溪笔谈》云："今之北人喜用麻油煎物，不问何物，皆用油煎。"宋代庄季裕的《鸡肋编》中有一节专门记载油，详述宋代各种植物油的提取，认为诸油之中，"胡麻为上"。庄季裕记，当时河东食大麻油，陕西食杏仁、红蓝花籽、蔓菁子油，山东食苍耳子油。

如今，植物油被广泛应用于饮食和各个领域，与此同时，人们也并没有完全排斥动物油，两者并行不悖。但由于植物油种类多、产量大、用途广，因而其食用的比例越来越大。到了明代，植物提取的植物油品种日益增多，系统的造油方法也见诸记载，人们对各种植物油的性质、食量、不同的功用有了更深刻的认识。

《天工开物》中蒸煮油料的画面

在《天工开物》中就有记载："凡油供馔食者，胡麻、莱菔子（莱菔即萝卜）、黄豆、菘菜籽为上；苏麻、芸薹籽次之；茶籽次之，苋菜籽次之；大麻仁为下"，同时，对于各个地方以及不同种类菜籽油的榨制方法也有了详细的记载，但《天工开物》中并没有记载花生油。

深受大众喜爱的花生油作为食用油出现在我国人民的日常生活及饮食中的记录最晚，清代檀萃的《滇海虞衡志》才始记花生油："落花生为南果中第一，以其资于民用者最广。宋元间，与棉花、番瓜、红薯之类，粤估从海上诸国得其种归种之。呼棉花曰'吉贝'，呼红薯曰'地瓜'。落花生曰'地豆'……落花生以榨油为上。故自闽及粤，无不食落花生油。"到了清朝中后期，当时主要的食用油就是大豆类（包括黄豆、青豆、黑豆、褐豆、斑豆）、棉籽、花生、芸薹、脂麻、亚麻、山茶、紫苏（即桂荏）、蓖麻、油桐、大茴香、胡桃等。

到了近现代，经济的飞速发展使得人们的生活水平逐渐提高，百姓家中的食用油种类也越来越丰富，食用方式越来越多样，食用油发展至今，已经成为百姓生活中不可或缺的生活用品。

2. 带你认识油的大家族

食用油，通俗来说，就是指在制作食品过程中使用的动物或植物油脂，动物食用油在常温下通常为固态，植物食用油常温下通常为液态，是甘油和各种脂肪酸所组成的甘油三酯的混合物。它和蛋白质、碳水化合物共同组成自然界的三大营养成分。

人体摄入的油脂主要有四大作用：

第一，为人体提供能量。

第二，提供人体自身无法合成而必须从植物油脂中获取的必需脂肪酸，如亚油酸、亚麻酸等。

第三，为人体供给脂溶性维生素，如维生素A、维生素D、维生素E、维生素K等。

第四，提供食品风味和制作功能，比如烘焙用油、芝麻香油等。

根据不同的分类原则可以将市场上的食用油进行分类。

按照榨取油料的来源不同大致可以分为以下两种：

食用动物油脂。食用动物油脂的油料来源于食用动物。《GB10146-2015食品安全国家标准食用动物油脂》中规定：食用动物油脂就是以经动物卫生监督机构检疫、检验合格的生猪、牛、羊、鸭的板油及肉膘、网膜或附着于内脏器官的纯脂肪组织，炼制成的食用猪油、牛油、羊油、鸡油、鸭油。

食用植物油。食用植物油的油料来源于各种植物。《GB2716-2005食用植物油卫生标准》中规定：食用植物油是以植物油料或植物原油为原料制成的食用植物油脂。常见的食用植物油有：大豆油、花生油、茶籽油、橄榄油、菜籽油、芝麻油、棉籽油、葵花籽油、亚麻油、红花籽油、米糠油、玉米油、核桃油、葡萄子油等。

按照烹调方式不同，可以分为三种：

烹调油。烹调油又叫炒菜油、烹饪油或者煎炸油，颜色一般较淡且风味良好，常温下呈液态，流动性好，要求烟点在200～210℃以上，是家庭和餐厅炒制菜肴、煎炸食物、制作油饼和油条等时的常用油。使用烹调油煎炸食物时，食物上基本不会有油脂凝固，起白霜的现象。

这三类油你会用吗
扫一扫，了解更多吃的科学

色拉油。色拉油又叫凉拌油，可以直接拌入凉菜食用。通常超市中购买的蛋黄酱、鱼类、贝类罐头的添加油就是色拉油，这种油凉拌会直接影响菜肴和食品的风味、口感和外观，所以其新鲜程度、风味、色泽也都要求比较严格。色拉油不适合作煎炸油使用，但是可以作为炒菜油使用。

调和油。调和油又称高合油，它是根据使用需要，将两种以上经精炼的油脂（香味油除外）按比例调配制成的食用油。调和油一般选用精炼大豆油、菜籽油、花生油、葵花籽油、棉籽油等为主要原料，还可配有精炼过的米糠油、玉米胚油、油茶籽油、红花籽油、小麦胚油等特种油脂。

调和油还可细分为以下五种，看一看，我们常吃的调和油到底"调和"了什么成分。

营养调和油（或称亚油酸调和油）。一般以向日葵油为主，配以大豆油、玉米胚油和棉籽油，调至亚油酸含量60%左右、油酸含量约30%、软脂含量约10%。

经济调和油。以菜籽油为主，配以一定比例的大豆油，其价格比较低廉。

风味调和油。就是将菜籽油、棉籽油、米糠油与香味浓厚的花生油按一定比例调配成"轻味花生油"，或将前三种油与芝麻油以适当比例调和成"轻味芝麻油"。

煎炸调和油。用棉籽油、菜籽油和棕榈油按一定比例调配，制成含芥酸低、脂肪酸组成平衡、起酥性能好、烟点高的煎炸调和油。

高端调和油。例如山茶调和油、橄榄调和油，主要以山茶油、橄榄油等高端油脂为主体。

按照油的生产工艺不同，可以分为两种：

浸出油。浸出油是指用化学浸出油工艺生产的食用油，在制作过程中利用油脂与选定的有机溶剂互溶性质的萃取原理，将溶剂与固体油料接触，得到萃取溶解出来的油脂。

浸出法制取的毛油是不能直接食用的，浸出法所制食用油在上市销售之前都必须经过精炼，达到各级油品的质量安全卫生标准才能上市销售，所以浸出油虽然会有微量溶剂残留，但都是安全的，可以放心食用。

　　压榨油。压榨油是指用物理压榨工艺生产的食用油。压榨法制油是一种古老的机械提取油脂的方法，就是借助机械外力的作用将油脂从榨料中挤压出来。据历史记载，在5 000多年以前，人类已经懂得使用挤压籽仁的方法获得油脂。现代采用纯物理压榨制油工艺、经过选料、焙炒、物理压榨、最后经天然植物纤维过滤技术生产而成。

榨油机

　　压榨油最大程度地保留了油料内的丰富营养，具有安全、卫生、无污染、保质期长的优点，符合人体健康需求，适宜长期食用，但压榨油的出油率较低且市场价格较贵。

　　压榨油还可以细分为冷榨油和热榨油。冷榨油是在压榨前不经加热或低温的状态下，将油料送入榨油机压榨，这样榨出的油温度较低，酸值也较低，一般不需要精炼，经过沉淀和过滤后即可得到成品油。但生活中食用的植物油大多是热榨油，即在榨油前先将油料经过清选、破碎后再进行高温加热处理，以适于压榨取油和提高出油率。虽然冷榨油保持了原汁原味，是健康生活的选择，但是大部分油料并不适合冷榨，因为使用冷榨法无法去除大豆油的腥味。而芝麻油和浓香花生油的香味，必须经过热榨工

艺才能获得。

各食用油的标准均规定：压榨油、浸出油要在产品标签中分别标识"压榨""浸出"字样。因此，消费者在购买食用油的时候一定要注意它的生产工艺，按需购买。

根据国家相关标准，食用油的等级分为一、二、三、四级。

近年来，老百姓都注意到，去超市买油时，那些"纯正大豆色拉油""纯正浓香花生油"等熟悉的标签正逐渐减少，取而代之的是"压榨一级花生油""大豆油一级"等叫法，这是因为国家关于食用油的标准中（如《GB1535-2003大豆油国家标准》《GB19111-2003玉米油国家标准》《GB1534—2003花生油国家标准》等），禁止只标注"烹调油""色拉油"作为等级，除了橄榄油和特种油脂，将常用食用油按照精炼程度划分为一、二、三、四级。

压榨（和）或浸出的成品油分级的质量检测项目通常包括色泽、气味、滋味、透明度、水分，及挥发物、不溶性杂质、酸值、过氧化值、加热试验、含皂量、烟点、冷冻试验以及溶剂残留量等。一、二、三、四级的成品油都对应有不同的质量指标要求，但通常一、二级的压榨油和浸出油的溶剂残留量均为"不得检出"，为质量较好的成品油。

虽然不同级别的成品油分别执行不同的质量指标要求，但四级是所有炼油企业必须达到的起码标准，所以四级油虽然是最低标准，但同其他级别的油一样，完全符合国家卫生标准，不会对人体健康产生危害，只是在工艺水平上有所区别，因此无论是一级还是四级食用油，消费者都可以放心食用。

（二） 盐

1. 说说盐的来历

说起盐来，人们的第一反应都是厨房里白花花、亮晶晶的食盐。食盐为烹饪中最常用的调味料，在自然界里分布很广，我国有极为丰富的食盐资源，海水里富含食盐，盐湖、盐井和盐矿中也蕴藏着食盐。

食盐

　　食用盐的制作与使用起源于中国，盐字本意是在器皿中煮卤。《说文解字》中记述：天生者称卤，煮成者叫盐。在中国，食用盐一直有很高的地位。传说黄帝时有个叫夙沙的诸侯，煮海为盐。其色有青、黄、白、黑、紫五样。现在推断中国大约在神农氏（炎帝）与黄帝之间的时期开始煮盐，中国最早的盐是用海水煮出来的。到了20世纪50年代，福建出土的文物中有煎盐器具，证明了仰韶时期（公元前5000年至公元前3000年）古人已学会煎煮海盐了。发明人夙沙氏是海水制盐用火煎煮之鼻祖，被后世尊崇其为"盐宗"，并享后世祭祀。宋朝时，河东解州安邑县东南十里[①]，就修建有专为祭祀"盐宗"的庙宇。清同治年间，盐运使乔松年在泰州也修建"盐宗庙"，庙中供奉在主位的即是煮海为盐的夙沙氏，商周之际运输卤盐的胶鬲、春秋时在齐国实行"盐政官营"的管仲，置于陪祭的地位。

"盐"字的古今字形

传说中的"盐宗"夙沙氏雕像

　　中国古人调味，最先使用的是盐和梅，《尚书·说命》就有"若作和羹，尔惟盐梅"的记载，说明在商代，人们就已经知道用盐和梅做调味品，用来配制美味的羹汤。五味之中，咸为首，所以盐在调味品中被列为第一。据《尚书·禹贡》记载，青州"厥贡盐绨"，说明从夏朝起，就有向奴隶主国家"贡盐"的习俗。这主要是因为，当时这种盐已在日常饮食中起到调

---

　　① 里为非法定计量单位。1里=500米。——编者注

味作用，且因数量稀少而珍贵。所以在很长一段时间里，盐都是被当做贡物来奉上的。也有研究者据此考证后认为，中国关于食用盐的最早记载时间，可以溯推至夏代以前。初期，盐的制作，是直接安炉灶架铁锅燃火煮，这种原始的煮盐方法费时，耗燃料，产量少，盐价贵。于是，从盐一诞生起，王室就立有盐法。盐法立后，市民须按规定使用食盐。如《管子》所记："凡食盐之数，一月丈夫五升少半，妇人三升少半，婴儿二升少半。"

在周朝时，掌盐政之官叫"盐人"，《周礼·天官·盐人》中就有了盐人掌管盐政，管理各种用盐的事务的记述，如祭祀要用苦盐、散盐，待客要用形盐，大王的膳馐要用饴盐等。

战国时期的巴蜀地区（今中国四川省），《华阳国志·蜀志》最早记载了有关中国古代开凿盐井，说李冰"又识齐水脉，穿广都盐井诸陂池，蜀于是盛有养生之饶焉"。意思是，在战国时秦昭王的蜀郡守李冰，在治水的同时，勘察地下盐卤分布状况，始凿盐井。

古时，盐往往也代表着财富，春秋战国时有云：有盐国就富。齐国管仲就是设盐官，专煮盐，以渔盐之利而兴国的。《汉书》中有载："吴煮东海之水为盐，以致富，国用饶足。"中国第一个盐商是春秋时的鲁人猗顿，猗顿在郇国（汉时属河东郡，今属山西）经营河东盐十年，成为了当时声名显赫的豪富，所以旧时形容一个人的财富巨大往往就说其有"陶朱、猗顿之富"。

秦汉时河东郡处于今山西运城、临汾一带。因黄河流经山西省西南境，而山西在黄河以东，故这块地方古称河东。古人从河东盐池中引水至旁边的耕地，每当仲夏时节，遇到刮大南风时，一天一夜耕地中就长满了盐花，当地人把这叫"种盐"，这种盐的品质非常好。《吕氏春秋·本味篇》："和之美者，阳朴之姜，招摇之桂，越骆之菌，鳢（zhān）鲔（wěi）之醢（hǎi），大夏之盐，宰揭之露，其色如玉，长泽之卵。"就是说最好的调料

是四川阳朴的姜、湖南桂阳招摇山的桂、广西越骆国的竹笋、用鲟鳇鱼肉制成的酱、山西的河东盐、宰揭山颜色如玉的甘露、西方大泽里的鱼子酱。在中国古代史书中，关于盐的记载有很多。战国末期，秦相吕不韦集合门客编写的《吕氏春秋》一书中就有"调合之事，必以甘酸苦辛咸，先后多少，其齐甚微，皆有自起""咸而不减"的论述和记载。

汉代起，人们逐渐开始利用盐池取盐。王廙《洛都赋》："东有盐池，玉洁冰鲜，不劳煮，成之自然。"刘桢《鲁都赋》："又有盐池漭沆，煎炙阳春，焦暴喷沫，疏盐自殷，挹之不损，取之不勤。"汉武帝始设立盐法，实行官盐专卖，禁止私产私营。《史记·平准书》中也有记载，称当时谁敢私自制盐，就会被割掉左脚趾，以示惩戒。晋代时，私煮盐者百姓判四年刑，官吏判两年。

在中国盐业发展史上，明朝是一个很重要的时代。据史料记载，明代的池盐主要是西北地区"盐湖"所产的盐，主要分布在今山西、陕西、宁夏等地。在山西，除解州、安邑的河东大盐池外，女盐池和六小盐池也是当时重要的盐池。女盐池系硝盐池，在解州大盐池以西约2.5千米的地方，"广袤三十里，《水经注》所谓女盐泽是也"。六小盐池则在女盐池西北约1.5千米的地方，它由永小、金井、贾瓦、夹凹、苏老、熨斗6个小盐池组成，"其池最大者，水面不过亩，盐自凝牟"。明朝时海盐生产在整个盐业体系中始终居于主导地位。据记载，明代海盐资源分布在全国10省250个市、县，供给范围广阔，实现了跨区域性销售。明代海盐的生产中，晒盐技术得到了进一步的发展和推广，盐业生产力大大提高，盐产量不断提高。在池盐和海盐技术不断改进的同时，明朝井盐钻井工艺也出现了明显的突破。这种突破主要表现在凿井的程序化、固井技术的提高和治井技术的初步发展这三个方面。有研究学者指出，明代井盐钻井工艺的突破，对井盐业生产的发展具有重要的意义，其不仅丰富了宋代卓筒井工艺，而且为清

代井盐钻井工艺的完善奠定了基础；既发展了钻井工艺技术，又促进了地下资源的开发和四川盐业生产的发展。

今中国人食用之盐，沿海地区多用海盐，西北多用池盐，西南多用井盐。海盐中，淮盐为上；池盐中，乃河东盐居首；井盐中，自贡盐最好。而到了现代，目前我国主要有四大盐场，人们平常吃的盐，大多数来自这四大盐场。

长芦盐区

(1) 长芦盐区

长芦盐区的开发历史悠久。远在明朝时期，在沧县长芦镇就设置了管理盐课的转运使，统辖河北全境的海盐生产。到清代，虽然将这一机构转移至天津，但是袭用旧名，一直称长芦盐区。这里海滩宽广，泥沙布底，有利于开辟盐田；风多雨少，日照充足，蒸发旺盛，有利于海水浓缩。这里盐民善于利用湿度、温度、风速等有利气象要素，具有丰富的晒制海盐经验，为长芦盐场大规模发展制盐业提供了良好的基础。

　　长芦盐区的盐场在河北及天津市渤海沿岸，北起山海关，南至黄骅县，主要分布在乐亭、滦南、唐海、汉沽、塘沽、黄骅、海兴等县区内。其生产规模（包括盐田面积、原盐生产能力和盐业产值等）占全国海盐的25%～35%。长芦盐场所产之盐，数量大，质量好，颗粒均匀，色泽洁白，中外驰名。

（2）辽东湾盐区

　　辽东湾盐区有复州湾、营口、金州、锦州和旅顺五大盐场，其盐田面积和原盐生产能力占辽宁盐区的70%以上，产品畅销东北等国内地区，远销日本、朝鲜、加拿大、荷兰、以色列等30多个国家和地区。

　　其中，营口盐场处于中国四大盐区的辽东湾盐区，是辽宁省最大的盐场，占地175平方千米，素有"百里银滩"之称，所依托的海区无工业污染，资源丰富，气候适宜，具有生产优质海盐和进行水产养殖的自然优势。

辽东湾盐区

营口盐场现有海盐、盐化工和水产养殖三大系列优质产品近20种，其中盐系列产品主要有工业盐、真空再制精盐、粉洗精盐、粉碎洗涤盐、日晒盐、融雪盐、渔盐、畜牧盐、腌渍盐等；盐化工产品主要有白色氯化镁、黄色氯化镁、融雪剂、溴素、硫酸镁、氯化钾等。

(3) 莱州湾盐区

莱州湾盐场，是中国及世界上利用地下卤水资源最早的地区，已有千年历史。莱州湾盐区是山东省海盐的主要产地，包括烟台、潍坊、东营、惠民的17个盐场，盐田总面积约400平方千米。莱州湾盐区从技术装备水平、产品质量以及企业经济效益来看，在国内各盐区中处于先进地位，主要盐场综合机械化水平达到60%以上，单位面积产量高达73吨/公顷，列北方各海盐区单产之首。

利用地下卤水的"井滩晒盐"，被认为是海盐生产的第二次技术革命

莱州湾盐区

（第一次革命是由海水煎煮转变为滩晒）。目前，我国地下卤水的开发利用已由莱州湾盐区逐步扩展到山东、河北、天津、辽宁各个盐区，并已向华东、华南沿海诸省市推进。

与海水制盐相比，地下卤水制盐占地面积小，建厂投资少，且地下卤水制盐氯化钠平均含量高于海水制盐。

（4）淮盐产区

江苏海盐古称淮盐，是因淮河横贯江苏盐场而得名。淮盐历史悠久，自古就是进贡上品。

早在吴王阖闾（公元前514年）时代，江苏沿海就开始煮海为盐，汉武

淮盐区

帝招募民众煎盐，刈草供煎，燃热盘铁，煮海为盐，昼夜可产500千克。唐代开沟引潮，铺设亭场，晒灰淋卤，撇煎锅熬，并开始设立专场产盐。到宋代，煮海为盐的工艺已很成熟。至元代江苏盐业已发展到30个盐场，煮海规模居全国首位。明代时，江苏盐业由煎盐发展到晒盐。到20世纪60年代中期，塑晒结晶新工艺试验成功，同时在全省各盐场推广使用，产生了一次新的重大的技术革命和飞跃，使江苏海盐生产进入稳产、优质和高产的发展新阶段。

当"煮海之利，两淮为最""华东金库""色白、粒大、干"等美誉冠之而来的时候，淮盐品牌，就为江苏盐业在全国盐行业中烙上了晶亮的镂痕。

2. 带你认识盐的大家族

广义上来讲，盐指的是"化学盐"，而我们在生活中通常所说的盐是食盐，又称餐桌盐，是人类生存需要中最重要的物质之一，也是烹饪中最常用的调味料。盐的主要化学成分是氯化钠，在食盐（属于混合物）中含量约为99%，部分地区所出品的食盐加入氯化钾来降低氯化钠的含量，从而达到降低高血压发生率的目的。同时世界大部分地区的食盐都通过添加碘来预防碘缺乏病，添加了碘的食盐叫做碘盐。

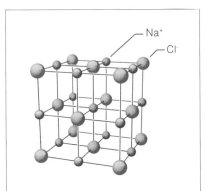 

氯化钠的晶体结构

古时盐的种类繁多，从颜色上分就有绛雪、桃花、青、紫、白等。从出处上分为五种：海盐取海卤煎炼而成，井盐取井卤煎炼而成，碱盐是刮取碱土煎炼而成，池盐出自池卤风干而成，崖盐生于土崖之间。海盐、井盐、碱盐三者出于人，池盐、崖盐二者出于天。《明史》记有："解州之盐风水所结，宁夏之盐刮地得之，淮、浙之盐熬波，川、滇之盐汲井，闽、粤之盐积卤，淮南之盐煎，淮北之盐晒，山东之盐有煎有晒，此其大较也。"南朝陶弘景的《名医别录》记有："东海盐、北海盐、南海盐、河东盐池、梁益盐井、西羌山盐、胡中树盐，色类不同，以河东者为胜。"

而在现代，我们平时在生活中常见的食用盐以碘盐居多，但其实食用盐有许多种类。原盐是指利用自然条件晒制，结构紧密，色泽灰白，纯度约为94%的颗粒盐，此盐多用于腌制咸菜和鱼、肉等。精盐是指以原盐为原料，采用化盐卤水净化，真空蒸发、脱水、干燥等工艺制成的色洁白、呈粉末状的盐，其氯化钠含量在99.6%以上，适合于烹饪调味。精盐营养成分（每100克精盐的主要营养素含量）见表1。

表1 每100克精盐的主要营养素含量

项目	含量	项目	含量	项目	含量
热量	0千卡	硫胺素	0毫克	钙	22毫克
蛋白质	0克	核黄素	0毫克	镁	2毫克
脂肪	0克	烟酸	0毫克	铁	1毫克
碳水化合物	0克	维生素C	0毫克	锰	0.29毫克
膳食纤维	0克	维生素E	0毫克	锌	0.24毫克
维生素A	0微克	胆固醇	0毫克	铜	0.14毫克
胡萝卜素	99.9微克	钾	14毫克	磷	0毫克
视黄醇	0.1微克	钠	39 311毫克	硒	1微克

除原盐、精盐外，还有以精盐为基础添加各种微量元素或营养、风味物质的特种食盐，主要包括低钠盐、碘盐、加硒盐、补血盐、加钙盐、防龋盐、维生素B$_2$盐、海群生盐、营养盐、自然晶盐和雪花盐等。下面就来介绍一些市售食用盐。

各种各样的特种食盐

（1）来源分类法

根据制作食盐的来源不同，可将其分为五大类：海盐、湖盐、井盐、矿（岩）盐、植物盐等。

①海盐。海盐是将海水引入盐田，经过自然日晒蒸发结晶而成，除钠以外，还含有钾、镁、钙等矿物质元素。

②湖盐。湖盐是从盐湖中直接采出的盐和以盐湖卤水为原料在盐田中晒制而成的盐，与海盐相似，湖盐也含有钾、镁、钙等元素。

海盐

③井盐。井盐即采用埋藏地下的天然卤水，经过（自然）蒸发、结晶等过程所制成的盐。主要分布于渤海的莱州湾、黄海的胶州湾、辽东湾和四川自贡自流井、贡井等地。

④矿（岩）盐。矿（岩）盐深埋在地下100～3 000米处，需先钻井，到达矿（岩）的位置，利用管子向下注水，将其溶解变成卤水，再将卤水抽进制盐装置，进行蒸发、结晶、干燥而制得的食盐。

⑤植物盐。植物盐来源于天然植物，是食盐领域的一个新词汇，是相对海盐、湖盐、井盐、矿盐的概念而提出来的一种新型食盐类型，是指从

植物有机体进行提取，采用纯粹物理流程和工艺，各种元素比例符合人体要求的一种平衡盐类。是对人体的微量元素平衡、机能调节和新陈代谢及健康具有一定促进作用的新型食用盐。目前国内植物盐产地主要分布在江苏、山东、河北、天津、广东、广西、海南等沿海滩涂地区。

井盐

植物盐

植物盐的主要特点可概括为以下几点：①以天然植物为主要来源；②钠、钾、镁、钙、铁等矿物质含量丰富，还含有水溶性维生素、氨基酸、植物纤维和植物次级代谢产物等各种营养成分，组成均衡，基本符合天然低钠和保健需求；③富含多种有机营养物质和生物活性成分；④加工生产过程中不添加任何化学物质；⑤有机污染物和重金属含量极微。

(1) 加工工艺分类

根据食盐加工工艺，又可把食盐分为营养强化盐、碘盐、竹盐、碱性盐、调味盐等。

①营养强化盐。营养强化盐是以现代营养学、生命科学为理论基础，以普通食盐为载体，有针对性地将人体所需的营养素，科学组合搭配而成的营养强化食品，如低钠盐、营养强化锌盐、营养强化钙盐等。强化营养食盐相对于功能性食品和保健食品独具优点：第一，方便。营养食盐应用

营养强化盐

广泛，一日三餐，既调味又调节机体营养平衡，省时省事。第二，经济。营养盐与同等功效的保健食品相比，价格十分低廉，每人每天仅多花几分钱就能达到补充各种微量元素的目的。第三，安全。食盐关系到国计民生，国家制定有各类营养盐的轻工行业质量标准，并实行严格的定点准产证制度，保证营养盐质量安全过关。第四，有效。强化营养盐有针对性地均衡补充人体所需的营养素，在预防营养疾病方面具有重要作用。第五，稳定。按科学配方精制而成的营养盐可以保证人们所摄取的矿物质元素在所需范围内，杜绝了矿物质元素缺乏及补充过多对人体的威胁。

②碘盐。碘盐就是我们所说的碘强化营养盐，根据《GB26878—2011食品安全国家标准食用盐碘含量》规定，碘强化营养盐是在食用盐中加入包括碘酸钾、碘化钾和海藻碘的食品营养强化剂后制成的食盐。根据《食盐加碘消除碘缺乏危害管理条例》在食用盐中加入碘强化剂后，食用盐中碘含量的平均水平（以碘元素计）为20~30毫克/千克。食用盐碘含量的允许波动范围为食用盐碘含量平均水平±30%。各省、自治区、直辖市人民政府卫生行政部门在规定的范围内，根据当地人群实际碘营养水平确定含量。碘化钾和碘酸钾都是我国法律规定的可以在食盐中添加的碘强化剂，相比较而言，碘化钾在安全性方面具有优势，用其作为碘强化剂更符合目前消费者对食品安全的要求。

③竹盐。竹盐是将日晒盐装入三年生的青竹中，两端以天然黄土封口，以松树为燃料，经1 000~1 500℃高温煅烧后提炼出来的物质。由于竹盐不但没有海盐与井盐的异味，而且还带有清香味，所以竹盐一经问世，就迅

速在当时的中上流社会中流行开来，其使用范围也随着社会的发展扩展到了浴盐、药材（盐本身就是一味药材）等领域。到唐、宋时期，竹盐的制作工艺也越来越完善，甚至出现了极其复杂的工艺和昂贵讲究的选材，这样制成的竹盐，变成了一种"奢侈品"，但实际上其功能并没有太大提升，除了味道和气味之外，其成分和作用等与普通的食盐并没有太大差别。后来由于近现代工艺的发展，普通食盐也不再有异味，加上牙膏、浴液等专用清洁类产品的出现，竹盐暂时性地退出了历史舞台。但近年来，由于韩国一些有实力的公司在生产牙膏、美容等产品的现代工艺中又重新加入了竹盐，并将市场扩展至中国乃至世界范围，再次引发了竹盐应用的新潮流。

竹盐

④碱性食用盐。碱性食用盐简单来说是指pH大于7的食用盐。通常市场上销售的精制盐pH为5～6，属酸性盐，易溶于水，天然海盐是中性盐，而竹盐的pH在10以上，秋石丹（盐）、海蓬子植物盐等产品pH为7.5～10，有些营养强化盐由于加入了营养强化素，其pH会上升，呈现碱性，这些盐均属碱性食用盐。从营养的角度来讲，现代人由于过多食用如肉类、家禽

类、鱼类、乳制品类、谷类等酸性食品，消耗钙、钾、镁、钠等碱性元素，会导致血液黏度、血压升高，从而发生酸毒症。中老年者易患高血压、动脉硬化、脑出血、胃溃疡等症。碱性食盐可以中和部分酸性食物，维持人体的酸碱平衡，有利于消费者的长久健康。

⑤调味盐。按照目前执行的《QB/T2020−2016中华人民共和国轻工行业标准调味盐》的规定，调味盐是指在食盐中添加动植物调味成分制成的盐产品，目前市场上有花椒盐、芝麻盐、辣椒盐等，这些调味盐在烹饪中可以发挥更多样的调味作用，适合制作各种特色菜肴。国外也有花香盐、奶酪香盐、烟熏盐等多种调味盐品种。

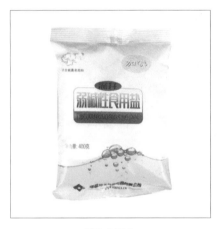

碱性食用盐

调味盐

（三） 酱

1. 说说酱的来历

人类历史上最早开始掌握发酵技术的族群是中华民族，我们的祖先利用各种动植物作为原料制成发酵盐渍食物——"醢"。据《周礼·天官》记载，"醢人掌四豆之实"，"醢"是我国古代先人对酱类食品的总称谓。"凡作醢者，必先脯乾其肉，乃後莝之，杂以粱麴及盐，渍以美酒，涂置瓶中，百日则成"。郑司农曰：无骨曰醢。"醢"，就是用小的坛子类器皿装的发酵了的肉酱。也就是说，起先我国先人制酱大多是用动物肉为原料来加盐发酵并用坛子来盛装。

中国人制作的"中国酱"是"以豆合面而为之"，也就是说，那时的人们是以豆和麦面为原料来制曲，然后再加盐的工艺来制作酱的。在人类发酵食品史上，这种做法独树一帜，极具魅力。发酵技术的伟大创新与发明，影响了数千年的中华民族的饮食生活，直至现在，酱制品仍然是老百姓餐桌上必不可少的食物。同时，发酵技术也深深地影响了整个东方世界。

酱，起源于中国周代，距今已有近3 000年的历史。传说制酱的方法是由西王母传授于人间的，在汉代班固的《汉武帝内传》中记到，西王母下凡间见汉武帝，提到神药"连珠云酱""玉津金酱"，还有"无灵之酱"。另有说法，说酱是周公所创。周公，也就是叔旦，即周武王的弟弟，曾助武王灭商。在《周礼》中已有"百酱"之说，以此推断，酱的制作发明应在周之前。

大酱

从《周礼》到《礼记》中的记载来看，酱的作用已经出现了很大的变化：从主要的配食演变成了很具体的调味品。而在早时，酱除了有调味功能，还有除毒功能。到了明朝（13世纪），豆酱的生产更被大众所推崇，鱼、肉制酱则日渐被淘汰。制酱的技术亦普遍流传于城乡劳动人民之间。

从《周礼》《仪礼》《礼记》《春秋左传》《春秋公羊传》《春秋谷梁传》《诗经》等先秦元典中对"醢"有更多的描述与记载。按《周礼》的说法，周天子每次正餐都要遵循制度，摆满60个"醢"的品种；此外，《周礼》的"食医"和"膳夫"职文还分别说到"百馐、百酱"与"酱用百有二十瓮"。不过我们今天已经见不到关于这60个品种醢、一百品或一百二十品酱名目的确切文字记载了，用郑玄的话说是当时"记者不能次录，亦是有其物未尽闻也"。但这也同时再清楚不过地告诉我们，早在距今3 000年的古代，中国人生活中的酱品已经是非常的丰富了。

由孔子"不得其酱不食"的话得以窥知，酱在人们饮食生活中的重要地位。陶弘景据汉、魏以下名医用药增益《神农本草经》而成《名医别录》，即已将酱录入为药品，认为酱有"除热，止烦满，杀百药及热汤火毒"的功用。陈日华《经验方》认为酱可以"杀一切鱼、肉、菜蔬、蕈毒，并治蛇、虫、蜂、虿等毒"。李时珍的用方则是："酱汁灌入下部，治大便不通。灌耳中，治飞蛾、虫、蚁入耳。涂猘犬咬及汤、火伤灼未成疮者，有效。又中砒毒，调水服即解。"《本草纲目》又转录了《千金》《外台秘要》《古今录验》《普济方》《千金翼》《濒湖集简方》等医书所载用酱治疗手指挲痛、疬疡风驳、妊娠下血、妊娠尿血、浸淫疮癣、解轻粉毒等症的旧方一、新方五；以及《食疗本草》所载"榆仁酱""芜荑酱"主治功能的历史资料。

刚开始的时候，酱并非作为调料，而是一种重要的食品。根据明代张岱《夜航船》中对饮食创造历史的回顾："有巢氏（有巢氏是传说中巢居的发明者，远古时，相传他为避免野兽侵袭，教民构木为巢，开始了在树上巢居）教民食果，燧人氏始钻木取火，作醴酪（通过蒸酿而成熟食），神农始教民食谷，加于烧石之上而食。黄帝始具五谷种。烈山氏子柱始作稼，始教民食蔬果（神农的独生子开始种庄稼，教民食蔬菜瓜果）燧人氏作肉脯，黄帝作炙，成汤作醢（醢就是最早的肉酱）。"这里的"成汤作醢"是指酱由肉加工制成。也就是说，最早做酱的时候，酱的原料并不是大豆，而是肉。这种最早制酱的方法就是先将新鲜的好肉研碎，用酿酒用的曲拌均，装进容器，将容器用泥封口，放在太阳下晒两个7天，待酒曲的本味变成酱的气味，即可食用。

这种肉酱还有一种速成方法：肉斩碎，与曲、盐拌匀后装进容器，用泥密封。在地上掘一个坑，用火烧红后把灰去掉，用水烧过后的坑里厚厚地铺上草，草中间留一个空，空中正好放装拌好曲的肉的容器，把坑填上七八寸①厚的土，在填的土上面，烧干牛粪，一整夜不让火熄灭，等到第

①　寸为非法定计量单位。1寸≈3.33厘米。——编者注

二天，酱渗出来就熟了。这种方法做出的肉酱，当时称"醢"，又称"醓"。《说文》中有："醓：酱也。酱：醢也。从肉从酉，酒以和酱也。"因为酱是酒、肉和盐在一起搅合而成，滋味好。《风俗通》有记载："酱成于盐而咸于盐，夫物之变有时而重。"所以，酱在当时曾被称作美食。到周代人们发觉草木之属，都可以为酱，于是酱的品类日益增多，在贵族们每天的膳食中，酱占据了很重要的地位。

肉酱

中国酱菜的历史应当开始得很早，最初的萌芽应当可以在植物原料醢品种中发现，夏、商、周时期的"芥酱""榆酱"是其力证。蔬菜、盐、曲霉、器皿是酱菜制作的条件，而这一切早在文字史以前很长时期就已经完全具备了。当然，具备条件并不等于就一定会发生，历史科学要求的是史

实证据。事实上，夏、商、周时人们普遍食用的"菹"也已经孕育了酱菜的基本形态："中田有庐，疆场有瓜，是剥是菹，献之皇祖"。菹是经过乳酸发酵的酸菜，可以是盐或盐水渍菜，也可以是清水渍菜。周天子常膳必备的"盐菜"品种就是菹："大羹，肉湆，不调以盐菜。"在中国人食用酱菜的漫长历史上，我国原产的蔬菜品种芥菜、萝卜、菘（白菜）、冬寒菜、百合、萱草、莲藕、韭菜、水芹、大葱、蒲菜、荸荠、芜菁、茭白、芹菜、宝塔菜、葫芦、黄花菜、紫苏、菜瓜、塌菜、姜、山药、薤头等基本都被用作或用作过酱菜原料了。迄今，人们很熟悉并经常在家庭餐桌上出现的酱菜品种所用的蔬菜原料主要有：萝卜、葫芦、薤、菘、姜、大蒜、葱头、青菜、大芥菜、榨菜、紫苏、韭菜、黄瓜、生瓜、小蒜、葵、冬瓜、胡萝卜、莴笋、苤蓝、甘蓝、茄果、四季豆、辣椒、胡芹、蕨等。百姓家的各种酱菜自然不拘于上述种种的范围，民间酱菜的取材有很强的因地制宜、因时制宜的随意性，如西瓜皮入酱腌，各种野菜入酱腌，甚至煮熟的马铃薯也可以用酱腌制，酱腌菜的品种几乎被中国人发挥到了极致。

历史上的中国劳动大众饮食生活是十分贫苦的，他们很少吃到动物性食物，是"准素食者群"。但他们的机体健康在太平年间能够得到基本保障，得益于包括中国酱在内的菽类食品在日常饮食中的普遍使用。"种豆造酱"是中国历史上数百万计佛教徒的生活传统，并因此在物质上支撑了中国历史上"素食文化圈"的存在。中国酱文化经历了数千年漫长的历史发展，不仅造成了中国饮食史和中华民族文化的辉煌，而且很早就超出国界，传播向朝鲜半岛、东南亚广大地区及日本列岛。时至今日，中国酱几乎是无土不至，无人不识了。中国酱文化走出国门以后，在异国他乡入乡随俗、随遇而安、落地生根、开花结果，如韩国酱、日本酱、东南亚广大地区的酱等，当地人充分利用了当地的原料，适应了当地人群的需求和嗜好，经过当地的借鉴再造，使中国酱文化更加绚丽多彩，福佑无数人民。"泛亚洲酱文化圈"不仅存在，而且是与"中华饮食文化圈"基本重合存在的。

豆被取代以后，变化的主要是基本原料，而非基本工艺。这种工艺，我们可以从北魏贾思勰《齐民要术》中的"肉酱法"得到参证："牛、羊、麋、鹿、兔肉皆得作。取良杀新肉，去脂，……大率肉一斗，麹末五升，白盐两升半，黄蒸一升……内甕子中，泥封，日曝。寒月作之，宜埋之于黍穰积中。二七日开看，酱出无麹气，便熟矣。"显然，先秦时制醢工艺中必用的谷粉和酒一起被"麹"（麦麹）和"黄蒸"（带麸皮的酱麹）取代了。《齐民要术》是详细记录具体的工艺过程，表明制酱工艺历经多代都没有大的改变。《急就篇》则是仅仅强调工艺要点，因此后者连作醢必不可少的原料盐都省略掉了。

2. 带你认识酱的大家族

中国人常见的调味酱分为以小麦粉为主要原料的甜面酱，和以豆类为主要原料的豆瓣酱两大类。随着烹饪技术的发展，还制作出肉酱、鱼酱和果酱等调味品。

中国历史上大众平时生活中每日相伴的酱，自汉以后基本是"以豆合面而为之"的谷物酱。这种"以豆合面而为之"的谷物酱，几乎一开始就走着以豆为主料和以麦为主料的两种类型并存的道路，也就是说，豆酱和麦酱是中国酱的两大主体类别。

事实上，豆酱和面酱不是完全对等与平分秋色的，正如南朝梁人、著名医家陶弘景（456—536）所说："酱多以豆作，纯麦者少。"古往今来，豆酱一直是中国酱的大宗，其文化蕴含和影响也相对深远。直到20世纪末，中国大豆主要产地的东北以及华北等广大地区在不同程度仍然保持着这一传统。

依照中国食品酿造工艺的基本分类方法，中国酱大约可以分为黄酱类、面酱类、清酱（酱油）、豆豉、甜酱类、蚕豆酱、辣椒酱、花生酱、芝麻酱、鱼子酱、果酱、蔬菜酱、虾酱、肉酱等十余种类别。因此，对酱来说，最简单直接的分类方法就是"发酵"，下面就为大家介绍几种发酵酱与非发酵酱。

（1）发酵酱

①黄酱。黄酱，在北方俗称"大酱"，传统上是农历二月初二日的下午，将大豆（黄豆）精选，剔除黑大豆（以免黑皮影响酱色）、变质的豆粒和其他杂质，用清水洗2～3遍，洗净为止，然后放入大锅中烀，待汤净（切不可焦糊）、豆粒用手一捻极酥烂，熄火闷至次日上午（主要目的是将豆闷成红色）。随后，将豆入绞刀（一种铸铝的手动工具）绞成均匀豆泥，或在碾盘上反复碾压（大户人家为大批佣工备常年所用，需酱量很大，故用碾子加工）成泥状，也有直接在锅中用粗擀面杖捣成豆泥的（不过这样制成的豆泥不易均匀）。

酱泥应干湿适宜，过干则难以团聚成坯，影响正常发酵；过湿则酱坯过软难以成形，坯芯容易伤热、生虫、臭败。酱坯的大小一般以1 500克干豆原料为宜，约为30厘米长、横截面积20平方厘米的柱体，易于发酵。放置于室内阴凉通风处晾至酱坯外层干（约三五日），然后在酱坯的外面裹一层毛头纸（多用于糊窗户）或牛皮纸（防止蝇虫腐蚀、灰尘沾污等），用绳系悬于灶房梁

酱胚

上，距锅台约四五尺①高。或摆放于室内温暖通风处，坯件间距约1寸，酱坯多时可以分层摞起，但以黍秸或细木条隔开，约1周时间将酱坯调换位置继续贮放。待农历四月十八或二十八时开始下酱。

去掉外包装纸后，将酱坯放入清水中仔细清洗，刷去外皮一切不洁物，然后将酱坯切成尽可能细小的碎块，放入缸中。酱缸要安置在窗前阳光充分照射之处，为避免地气过于阴凉，一般要将酱缸安置于砖石之上。随即将大粒海盐按1 000克豆料、500克盐的比例用洁净的井水充分融化，去掉沉淀，注入缸中，水与碎酱坯大约是2∶1的比例。然后用洁净白布蒙住缸口。3天以后开始打耙（把块状物破碎弄匀）。

坚持1个月左右的时间，每天早晚各打1次耙，每次200下左右。直到将发劲儿（酱液表面生出的沫状物）彻底打除为止。此间，要特别注意避免"捂了酱头"——酱液发酵过劲儿而产生异味。为了通风防雨，缸口上要罩上一顶"酱缸帽子"。

在农村，酱帽的传统制法是就地取材用秫秸或苇子秸编成大草帽形状，既透气又防雨水。城里的酱帽一般是用做饭的大铁锅反扣在缸口上，为了通风会在缸口上用木条将锅撑起。

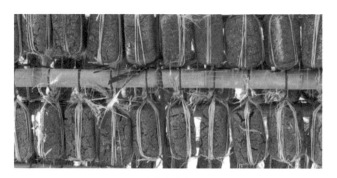

晾晒的酱坯

---

① 尺为非法定计量单位。1尺 ≈ 0.33米。——编者注

山东农村黄酱的做法与东北地区、内蒙古及山西等地区酱的制作方法基本相同。不过，有一点值得注意的是，山东农村黄酱是将玉米炒熟后用碾子碾粉，然后用沸水烫和，攥成直径约10厘米的球状，如豆酱坯一样贮放发酵，到时按豆酱坯与玉米粉球各占一半的比例做酱。这种玉米豆酱的酱味甜于纯豆酱。

而用玉米粉做原料的原因，除了山东富产玉米之外，还因为大豆不是山东人最主要的口粮谷物，种植很少。清代时的山东人被俗称为"山东棒子"，就是因为玉米在山东人的口粮结构中占有很高的比重。

北方的蒙古族，有一种基本以玉米粉为原料做出的酱，这种酱比黄酱稀，且味略酸。而北方的蒙古族用玉米做原料制成酱，主要是由于在漫长的历史上，大豆原料的长期缺少而又不能不做酱的结果。

还有一种酱叫盘酱，它与黄酱做法略异，做法为：将与做黄酱同样的酱坯用盐水调成如稠粥状糊，置于缸中，酱糊上层表面遮上一层干净纱布，纱布上再略撒一层盐。然后用牛皮纸封好缸口，缸置于阳光充足处，满一个月后即可开缸酌量取出食用。因盘酱干稠，故食用时要在酱里调入适量的清水。盘酱的便利是省却了打耙的繁琐，并且在一定程度上避免黄酱因打耙不及时等原因可能造成的风味变异的顾虑。

②酱油。酱油，俗称豉油，是以大豆或豆粕等植物蛋白作为主要原料，辅以面粉、小麦粉或麸皮等淀粉质，经微生物的发酵作用，制成的一种含有多种氨基酸和适量食盐，具有特殊色泽、独特酱香，滋味鲜美，能够促进食欲的调味品。它既能增加和改善菜肴的味道，又能增添或改变菜肴的色泽。

酱油

酱油在中国历史文献中的称谓是"清酱"或"酱清""豆酱清""豉

汁""豉清",东汉末年的《四民月令》中就已经记载了"清酱"被庶民百姓普遍利用的史实:"正月……可作诸酱,肉酱、清酱"。《齐民要术》更是将其作为烹调动物类原料菜肴不可或缺的调味品。这种取酱清作为"酱油"用的方法是中国庶民百姓自汉代之后一直沿袭到现代的文化传统。

"酱油"一词,宋时已见于文人笔录,如北宋人苏轼的"金笺及扇面误字,以酽醋或酱油用新笔蘸洗,或灯心揩之即去。"记载了用酽醋、酱油或灯心净墨污的生活经验。南宋人林洪的《山家清供》一书提到,"杜诗'夜雨剪春韭',世多误为剪之于畦,不知'剪'字极有理:盖于煠时,必先齐其本(如烹薤园,齐玉箸头之意),乃以左手持其末,以其本竖汤内少煎其末,弃其触也,只煠其本,带性投冷水中,取出之,甚脆。然必用竹刀截止。韭菜嫩者,用姜丝、酱油、滴醋拌食,能利小水,治淋闭"。《本草纲目》对酱油的制法作了较详细的记载:"豆酱有大豆、小豆、豌豆及豆油之属。豆油法:用大豆三斗,水煮糜,以面二十四斤①,拌腌成黄。每十斤入盐八斤,井水四十斤,搅晒成油收取之。"其后,明末戴羲的《养余月令·南京酱油方》、清初顾仲的《养小录》、清中叶李化楠的《醒园录》等食事书对酱油的制法均有详细记载。

饺子与酱油

中国的某些地方,临近春节时会取酱清自制"酱油",在除夕至初五过年期间用作佐料,蘸饺子吃。但是,实际

---

① 斤为非法定计量单位。1斤=500克。——编者注

上这种取酱清制酱油的方法是不常用的，因为酱清提取之后会影响酱的味道。20世纪60年代末的黑龙江的农村家庭用一种土法制作酱油，具体做法是：将酱清入锅，加入适量清水、精盐，再加入花椒数粒、干辣椒片几片、姜片少许（有则最好，没有也不影响风味）煮沸去沫，调入少许糖、味精，再沸后舀出，仅用清汁。

酱油传统生产工艺都是以大豆、面粉为主原料，淀粉质原料普遍采用小麦及麸皮，也有一些以碎米和玉米代用。所选原料经蒸熟冷却，接入纯粹培养的米曲霉菌种制成酱曲，然后将酱曲移入发酵池，加盐水发酵，待酱坯成熟后，以浸出法提取酱油。在这里，制曲的目的是使米曲霉在曲料上充分生长发育，并大量产生和积蓄所需要的酶，如蛋白酶、肽酶、淀粉酶、谷氨酰胺酶、果胶酶、纤维素酶、半纤维素酶等。

在发酵过程中，酱油的味道就是利用酶形成的。如蛋白酶及肽酶将蛋白质水解为氨基酸，产生鲜味；谷氨酰胺酶把无味的谷氨酰胺变成具有鲜味的谷氨酸；淀粉酶将淀粉水解成糖，产生甜味；果胶酶、纤维素酶和半纤维素酶等能将细胞壁完全破裂，使蛋白酶和淀粉酶水解等更彻底。同时，在制曲及发酵过程中，从空气中落入的酵母和细菌也进行繁殖并分泌多种酶。

发酵时，也可添加纯粹培养的乳酸菌和酵母菌。因为乳酸菌可以产生适量乳酸，由酵母菌发酵生产乙醇，以及由原料成分、曲霉的代谢产物等所生产的醇、酸、醛、酯、酚、缩醛和呋喃酮等多种成分，虽微量，但却能构成酱油复杂的香气。此外，由原料蛋白质中的酪氨酸经氧化生成黑色素及淀粉经曲霉淀粉酶水解为葡萄糖，与氨基酸反应生成类黑素，使酱油产生鲜艳有光泽的红褐色。

根据酱油的颜色不同，又分为生抽和老抽。

生抽。生抽是酱油的一种，以大豆或黑豆、面粉为主要原料，人工接入种曲，经天然露晒，颜色比较淡并且呈红褐色。这种酱油做一般的烹调用，味道较咸。

生抽主要是用来调味，颜色淡，所以一般的炒菜或者拌凉菜的时候用得比较多。

老抽。老抽是在生抽的基础上加入焦糖，经特殊工艺制成的浓色酱油，适合肉类增色用。老抽是做菜时常用的调味品。在菜品中加入老抽可以改善菜品口感和增加其色彩。

当我们食用酱油时，会尝到酱油中有一丝丝的甜味。其实，酱油中的甜味主要来自于原料中的淀粉经曲霉淀粉酶水解后生成的葡萄糖和麦芽糖，另外一部分是由于蛋白质水解后所产生的游离氨基酸中，有甘氨酸、丙氨酸、苏氨酸和脯氨酸等，它们都呈现甜味。并且，在发酵过程中，水解生成的甘油也是微甜的。但是，酱油中也含有呈苦味的物质，可苦味在酱油的合成过程中被改变了味道，也就消失了。酱油中还含有二十多种有机酸，酱油的酸度呈弱酸性（含酸1.5%左右）时最适宜，有爽口的感觉，并且能够增加酱油的滋味。

麦酱

③麦酱。麦酱，其实就是面酱，也称甜面酱或甜酱，是以面粉为主要原料，经制曲和保温发酵制成的一种酱状调味品。其味甜中带咸，同时有酱香和酯香，适用于烹饪酱爆和酱烧菜，如"酱爆肉丁"等，还可蘸食大葱、黄瓜、烤鸭等菜品。

关于麦酱的工艺，贾思勰频繁征引的《食经》一书中对其工艺有记载：

"即以小麦一石浸泡一夜，蒸熟后平摊，使黄色霉菌充分生长繁殖。按水一石六斗、盐三升的比例煮取咸汤，沉淀后取澄清盐水八斗注入瓮中，再将长好霉菌的小麦投入，搅拌均匀，经阳光照射十天后即可食用。"《食经》中麦酱工艺的特点是：全部原料都经过了制曲过程，许多有益微生物得以充分繁殖并产生出相应的酶类，日光作用下发酵过程中的分解、合成作用亦可以充分发挥。

甜面酱经历了特殊的发酵加工过程，它的甜味来自发酵过程中产生的麦芽糖、葡萄糖等物质。鲜味来自蛋白质分解产生的氨基酸，食盐的加入则产生了咸味。甜面酱含有多种风味物质和营养物，不仅滋味鲜美，而且可以丰富菜肴营养，增加菜肴可食性，具有开胃助食的功效。

（2）非发酵酱

①果酱。果酱是把水果、糖及酸度调节剂混合后，用超过100℃的温度熬制而成的凝胶状食物，也叫果子酱。

果酱

制作果酱是长时间保存水果的一种方法。果酱主要用来涂抹于面包或吐司上食用。不论是草莓、蓝莓、葡萄、玫瑰等小型果实，或李、橙、苹果、桃等大型果实切小后，同样都可制成果酱，不过调制时通常不混合，只使用一种果实。调制无糖果酱、普通果酱或特殊果酱（如榴莲、菠萝）时通常会使用增稠剂，常使用的增稠剂是果胶、豆胶及三仙胶。

②花生酱。花生酱以优质花生米等为原料加工制成，成品为硬韧的泥状，有浓郁的炒花生香味，是花生油提取前的产物。优质花生酱一般为浅米黄色，品质细腻，香气浓郁，具有花生固有的浓郁香气，无杂质，不发霉，不生虫。一般用作拌面条、馒头、面包或凉拌菜等的调味品，也是作甜饼、甜包子等馅心的配料。一般人群均可食用，脾弱便溏者、高脂血症患者、跌打淤肿者、胆囊切除者不宜吃。

花生酱

根据口味不同，花生酱分为甜、咸两种，是颇具营养价值的佐餐食品，在西餐中的应用比较广泛。一般分为幼滑及粗粒两种，粗粒装是在制作好的花生酱中再加入花生颗粒，以增加其口感，另外亦有加入蜜糖、巧克力等做成不同口味，但不常见。

花生酱含有丰富的蛋白质、矿物质微量元素和大量的B族维生素、维生素E等，具有降血压、降血脂的功效，对再生性贫血，糖尿病等都能起到一定的辅助治疗作用。花生酱中还含有色氨酸，有助于入睡。

③番茄酱。番茄酱是鲜番茄的酱状浓缩制品，最早于19世纪由中国人发明，呈鲜红色酱体，具番茄的特有风味，是一种富有特色的调味品，一

般不直接入口。番茄酱由成熟红番茄经破碎、打浆、去除皮和籽等粗硬物质后，再经浓缩、装罐、杀菌而成。番茄酱常用作鱼、肉等食物的烹饪佐料，是增色、添酸、助鲜、郁香的调味佳品。番茄酱的运用，是形成港粤菜风味特色的一个重要调味内容。

番茄酱

番茄酱中除了番茄红素外还有B族维生素、膳食纤维、矿物质、蛋白质及天然果胶等，和新鲜番茄相比较，番茄酱里的营养成分更容易被人体吸收。

④沙拉酱。沙拉酱，起源于位于地中海的米诺卡岛，是由鸡蛋和油制作而成的，这种酱汁在人们饮食中占有一席之地由来已久。在年轻人中，沙拉酱的消耗量持续增加，很多沙拉酱爱好者忍不住在他们所有的食物中添加沙拉酱，这群人被称为"mayora"，这是一个新造的词语，结合了沙拉酱的前面几个字母，以及英语字尾-er或-or，如同驾驶人（driver）或参观者（visitor）这两个单词一样。

我们通常购买的瓶装沙拉酱的主要原料是植物油、鸡蛋黄和酿造醋，再加上调味料和香辛料等调制而成。其中植物油在欧洲多是用橄榄油，而在亚洲一般是使用大豆色拉油。油类与鸡蛋黄经充分搅拌后，发生乳化作用，就成了味美可口的沙拉酱。而少量醋主要起抗菌作用，因而沙拉酱中一般不含防腐剂，可算作一种"绿色食品"。

欧洲沙拉酱的种类与国内相比较丰富，一般分为肉类沙拉酱、蔬菜类沙拉酱、水果类沙拉酱。

肉类沙拉酱有蒜茸沙拉酱、浅胡椒蒜茸沙拉酱、黑胡椒沙拉酱、咖喱沙拉酱、辣椒沙拉酱等；蔬菜沙拉酱有香醋沙拉酱、蛋黄沙拉酱、海鲜沙拉酱、火腿沙拉酱、玉米沙拉酱等；水果沙拉酱有奶油沙拉酱、水果沙拉酱。

⑤辣椒酱。辣椒酱是用辣椒制作成的酱料，是餐桌上比较常见的调味品。以湖南为多，有油制和水制两种。油制辣椒酱是用芝麻油和辣椒制成的，颜色鲜红，上面浮着一层芝麻油，容易保存；水制辣椒酱是用水和辣椒制成，颜色鲜红，加入蒜，姜，糖，盐，可以长期保存，味道更鲜美。

辣椒酱不仅味道鲜美，还有特殊的营养功效：

解热镇痛

辣椒辛温，能够通过发汗而降低体温，并缓解肌肉疼痛，因此具有较强的解热镇痛作用。

预防癌变

辣椒的有效成分辣椒素是一种抗氧化物质，它可阻止有关细胞的新陈代谢，从而终止细胞组织的癌变过程，降低癌症细胞的发生率。

增加食欲、帮助消化

辣椒强烈的香辣味能刺激唾液和胃液的分泌，增加食欲，促进肠道蠕动，帮助消化。

降脂减肥

辣椒所含的辣椒素，能够促进脂肪的新陈代谢，防止体内脂肪积存，有利于降脂减肥防病。

（四） 醋

1. 说说醋的来历

酸溜溜的醋在餐桌上使用由来已久，醋作为一种酸味的调味品，深受大家的喜爱。而在食醋诞生之前，酸就已经被列为五味之一。我们祖先最早使用的酸味调味品是"梅"，《尚书》中有"欲作和羹，尔惟盐梅"的记载，由于梅子并非一年四季都有，于是人们将梅子捣碎取汁，然后制成梅酱，这样就可以把梅的好滋味保留下来。而醋的出现，却比梅子晚了大约一千年。

关于中国"醋"的文化，坊间有"杜康造酒儿造醋"的传说。相传，酒圣杜康发明杜康酒后，举家迁居江苏镇江，其子黑塔而后也继承了父亲的技艺，开设了一家酿酒的作坊。一次他无意将酒糟泡在水中，过了21天才想起，本打算倒掉，但打开缸盖后发现这种液体的色、香、味、均不同于酒，香喷喷、酸溜溜，又甜滋滋的，味道美极了，遂以"二十一日"，即"昔"字加上"酉"字创造了"醋"字。

"醋"字

根据史料记载，我国的食醋最早出现于3 000多年前的西周，起初被称为"醯"（xī），后写作"酢"（cù）。醋原本只在宫廷中供应，周朝设有"醯人"之官专门掌管醋政，其珍贵可见一斑。到了春秋战国时期，民间才开始有了醋作坊，打破了"公室制醋"的单一格局。唐代之后，由于制曲技术的进步和发展，酿醋工艺得到普及，人们开始拿醋制作各类腌菜。待到了宋朝，山西酿醋业遍及城乡，太行、吕梁这些地区甚至出现了"家家有醋缸，人人当醋匠"的盛况，南宋诗人吴自牧在《梦粱录》里提到"盖人家每日不可阙者，柴米油盐酱醋茶"，在那时，醋已成为"开门七件事"之一。到了明代，醋用曲已有大曲、小曲和红曲之分，明代李时珍所著的《本草纲目》中记载了米醋、糯米醋、小麦醋、大麦醋等品种，此时山西醋业已发展至鼎盛时期，如今饱负盛名的"益源庆"品牌就创建于明朝初年，是专为明开国皇帝朱元璋之孙——宁化王朱济焕府上制醋的皇室作坊。明洪武年间，中华老字号"美和居"的酿醋师傅在生产实践中不断创新，在白醋的"醋化"和"淋醋"之间增加了"熏醋"的工艺，即沿用至今的"熏蒸法"，这也形成了该老字号食醋的独特风味。到清朝顺治年间，"美和居"将新醋陈酿的工艺改为"夏伏晒，冬捞冰"，经过一年以上陈酿的醋，紫黑醇香、久存不腐，从此开创了老陈醋的篇章。不同地域的劳动人民在长期的生产实践中结合当地的文化、环境以及饮食习惯，创造出各种各样的传统食醋和制醋工具。清朝初年，山西老陈醋、江苏镇江香醋、福建红曲米醋与四川阆中保宁醋并列为我国"四大名醋"，流传至今。

　　清末战争时期，不少酿醋坊相继倒闭，直到1924年，濒临倒闭的"美和居"被人接管，改名为"福源昌"。可惜好景不长，后来日军侵华，抗战时期，全国上上下下的醋业再次陷入困境。中华人民共和国建立之后，奄奄一息的醋业才开始复苏。

　　长期以来人们都是使用天然曲种来酿醋，凭借人工经验来判断醋的

山西明清制醋工具　　　　　路易·巴斯德

发酵过程。在食品工业不发达的时期，醋的生产停留在小作坊阶段，规模小、品质不稳定，直到19世纪法国科学家路易·巴斯德开创了微生物的新领域，醋的酿造史才开始有了进一步的发展。使用纯种微生物能够大大提高发酵的效率，将醋的酿制过程从以前的几个月、几个星期缩短至几天。

　　20世纪50年代，济南酿造厂吸收国外技术，使用纯种人工培养的曲霉和酵母进行固态糖化酒精发酵，大大提高了出醋率，不过当时由于未应用人工培养醋酸菌，因此并没有解决人工倒醅①的问题。到了60年代，上海地区出现了酶法液化自然通风回流的固体发酵工艺，将食醋生产过程划分为液化、糖化、酒精发酵、醋酸发酵四个生产阶段，并使用纯种培养的曲霉菌、酵母菌、醋酸菌作为各阶段的发酵剂，解决了人工倒醅的问题，进一步提高了原料的利用率，缩短了醋酸发酵周期。70年代中期，上海市酿造科学研究所与上海醋厂协作，研究出液体深层醋发酵工艺，更进一步提高

———————————

　　① 倒醅：酒精发酵结束转入醋酸发酵后，去掉塑料布翻醅供氧，调节小分、调节酒度，以促使酸度变化，酸度不再变化后，结束该工艺流程。

了原料利用率和生产效率。

现如今，我国醋行业的规模越来越大，各类食醋的酿造技术也相对成熟，醋已成为国内调味品市场的第三大品类。

西方醋一般被认为诞生于5 000年前的巴比伦，人们利用葡萄和椰枣的树液、果汁酿酒，再经发酵制醋，他们还在醋里加入香料和草药，用来保存蔬菜和肉制品。古罗马人也将醋制成饭前饭后的开胃消食饮料，称之为"珀斯卡（Posca）"。醋的英文vinegar，来源于法文vinaigre，意思是发酸（aigre）的葡萄酒（vin），而在拉丁文中，Vinum指葡萄酒，acer的意思是发酸。由此可见，无论在东方还是西方，醋、酒本是同源，这一点从文字上便可以印证。

西方醋以欧美醋为代表，意大利是西方醋的第一大生产国，其次是西班牙和法国。西方醋中小有名气的包括意大利巴萨米克醋（balsamico）、西班牙雪莉醋（sherry vinegar）和奥地利苹果醋（apple vinegar）等。东方醋则以中国和日本为代表，多以谷物酿醋。

日本人将"醋"称为"苦酒""酢"，据考证，在日本应神天皇时代（369–419年），酿醋术和酿酒术同时由中国传入日本。到了平安时代，除米醋之外，日本人还制造出了梅醋、菖蒲醋、果醋等丰富的种类。室町时代则开始制作与其他食材混合的醋，如醋味噌、芥末醋、姜醋、山椒醋味噌、核桃醋、辣椒醋等。明治维新之后，日本开始吸收西方酿醋技术，如今日本醋的种类之多让人惊叹。

醋不仅适合作为日常食用的调味品，似乎还具有不容小觑的药用价值。常言道"家有二两醋，不用去药铺"。我国历代中医药家在实践中逐步认识到醋的保健价值，其药用价值在许多古籍中已有记载。在迄今为止发现的最古老的医书《五十二病方》中所记录的治疗烧伤、痔疮、疝气诸多疾病的处方中均用到了醋，说明在公元前3世纪的秦汉时代，人们已经认识到了醋的功效。东汉张仲景在《伤寒论》《金匮要略》等著作中所述"少阴病，咽喉生疮，不能言语，声不出者，苦酒汤煮之"，而后在晋、隋、唐、宋、元、名、清各朝各代的医学著作中，都有关于以醋入药的记载，尽管这些药方的治疗效果无从确认，但为研究现代醋的功能奠定了深厚的历史基础。

不仅在中国，外国人也在很早前就发现了醋的保健功能。在公元前400年，"医学之父"希波克拉底（Hippocrates）就开始使用醋来治病。17世纪英国人以草本植物的花朵、果实与蜂蜜酿成的醋加水稀释后饮用，18至19世纪，醋作为一种不可或缺的健康调味品广受欢迎，欧洲人在饮水前必先滴醋，还将面包蘸醋食用，以预防传染病。美国内战时期，人们认为醋可以预防坏血病。直至今天，很多人依然笃信醋能帮助人们延年益寿。

国外醋的广告

2. 带你认识醋的大家族

食醋是以粮食、果实、酒类等含有淀粉、糖类、酒精的原料，经微生物发酵酿造而成的，或通过添加食用醋酸配制获得的，以酸为主，兼有甜、咸、鲜等诸味协调的调味品。

食醋的生产通常可分为三个主要的过程。一是原料中淀粉被微生物或酶分解为糖类，即糖化过程；二是酒精发酵，即酵母菌将可发酵的糖转化为乙醇；三是醋酸发酵，即醋酸菌将乙醇氧化为乙酸。参与糖化及发酵反应的主要微生物包括霉菌、酵母菌和醋酸菌。

　　不论在何种地方、以何种食材酿造的醋，最核心的原理都是醋酸发酵。那么为什么酿造出来的醋，在颜色、口感、味道、质地方面会千差万别呢？

　　原来，原料的种类和质量，酿造时的用水量，发酵剂的种类、发酵时间的长短，酿造环境的温度和湿度，以及熏醅、淋醋、脱色等其他处理过程都会影响醋的酿造，也正是因为这些影响，才成就了一个百花齐放的食醋产业。

　　我国食醋的品种较多，通常有以下几种分类方法：

　　（1）按食醋的加工工艺不同，可以分为以下三种：

　　①酿造醋。酿造醋是以含有淀粉、糖或者两者均有的原料经由酒精发酵以及醋酸发酵两个过程生产的，成品中含有一定量的醋酸及其他营养成分。

　　②合成醋。合成醋是使用食品级冰醋酸加水配制而成的，通常酸味很重，无香味，由于不需要发酵的工序，制作时间短，风味和营养价值远不及酿造醋。这种醋不含酿造食醋中的各种营养素，因此不容易发霉变质。

　　③配制醋。配制醋又叫再制醋，是以酿造醋为基料，添加香料、添加剂等进一步加工制成的，如姜醋、蒜醋、五香醋等。

　　（2）按照食醋的酿制原料不同，大致可以分为以下四种：

　　①粮食醋。主要用谷物、薯类等粮食原料制成的醋。我国长江以南地区习惯用糯米和大米制醋，长江以北则多用高粱、小米，所用的麦曲以小麦为原料。其他粗粮如玉米、甘薯、马铃薯、碎米等也可作为制醋的主料。

　　②糖醋。主要用饴糖、糖蜜类原料制成的醋。

扫一扫，了解更多吃的科学

这几种醋你会辨别吗

③酒醋。主要用白酒、食用酒精类原料制成的醋。

④果醋。用水果类原料制成的醋。

（3）按原料处理方法不同，可以分为以下两种：

①生料醋。粮食原料不经过蒸煮糊化处理，直接用来制醋，称之为生料醋。生料制醋法则是20世纪70年代研制发展出来的新工艺，利用某些特定菌种混合发酵，可直接将生淀粉颗粒水解糖化，省去了蒸煮糊化的步骤，降低了生产成本。

②熟料醋。经过蒸煮糊化处理后酿制的醋则被称为熟料醋。蒸煮的目的是为了让植物组织和细胞彻底破裂，原料中所含的淀粉吸水膨胀，淀粉颗粒溶解，有利于随后的水解，同时对原料进行灭菌，除去可能存在的有害物质。

（4）按发酵用曲不同，可以分为以下四种：

①大曲醋。大曲是固体发酵制醋传统工艺的主要糖化发酵剂，它是以纯小麦或按一定比例配合的大麦、豌豆等为原料，经粉碎加水压制成的砖状曲坯自然发酵而成的，含有酿造醋过程中所需的多种微生物的混合酶系。大曲的糖化能力、发酵能力均比纯种培养的麸曲、酒母低，用大典来发酵酿醋，粮食耗用量大，且生产方法还依赖于人工经验。

②小曲醋。小曲是以生米粉（或米糠）为原料，适度添加中草药，利用优质陈曲做种曲在人工控温的条件下培育而成的米粉曲，其形状较小，目前仍未扩大到工业化生产。小曲中的主要微生物包括根霉和酵母菌，根霉不仅含有丰富的糖化酶，还拥有一定的酒化酶活力。使用小曲酿造醋时，常配用米曲、麦曲以提高风味。以前多采用生大米制米曲霉曲，现多改为用熟料制曲。

③红曲醋。红曲是采用红曲霉在熟米饭上纯粹培养而成。其具有较强的糖化能力，并富含红色素和黄色素，用红曲酿造的醋就是红曲醋。玫瑰醋的酿造也用到红曲。

④麸曲醋。麸曲醋是以麸皮和谷糠为原料，以人工培养的纯种曲霉菌制成的麸曲作糖化剂，纯培养的酒精酵母作发酵剂酿制而成的食醋。麸曲作糖化剂的优点是淀粉出醋率高，生产周期短，成本低，对原料的适应性强等。但麸曲醋风味不及大曲醋、小曲醋这类老法曲醋，麸曲也不易长期贮存。

目前应用于食醋工业的曲，除传统工艺的名醋仍采用大曲或小曲外，都已使用纯粹培养的麸曲，而后者作为发酵用曲的醋占所有食醋产量的75%左右。

(5) 按发酵方式不同，可以分为以下三类：

①固态发酵醋。固态发酵醋是以粮食及其副产品为原料，采用固态醋醅发酵酿制而成的，成品色泽呈琥珀色或红棕色，风味优良，是我国传统的酿醋方法，山西老陈醋多采用固态发酵。其缺点是生产周期长，劳动强度大，出醋率低。

②液态发酵醋。液态发酵醋是以粮食、糖类、果实类或酒精为原料，采用液态醋醪发酵酿制而成的，老法液态醋、速酿塔醋及液态深层发酵醋均属于此类。液态发酵食醋色泽浅淡、酸度较高、生产周期短，但成品中含有的氨基酸态氮较少、有益酯类含量低，其风味和固态发酵醋有较大区别。

③固-液发酵醋。固-液发酵醋则结合了两者的优点，在酿造过程中的酒精发酵阶段为液态发酵，醋酸发酵阶段为固态发酵，出醋率高，生产周期相对较短，成品风味相对液态发酵食醋也有较大提升。

（6）按醋的颜色深浅，可以分为以下三类：

香醋（浓色醋）、米醋（淡色醋）和白醋

①浓色醋。香醋、熏醋和老陈醋都呈黑褐色或棕褐色，被称为浓色醋。

②淡色醋。若食醋未添加焦糖色或未经熏醅处理，颜色为浅棕黄色，则属于淡色醋。

③白醋。经过脱色处理的酿造醋、以酒精为原料生成的氧化醋，或用冰醋酸兑制的合成醋，若呈无色透明状态，则被称为白醋。

（7）按醋的风味不同，可以分为陈醋、熏醋、甜醋等。

陈醋的醋香味较浓，熏醋有特殊的焦香味，甜醋中添加了砂糖，还有一些再制醋里添加了中药或植物性香料等辅料，风味各异。例如，海鲜醋、五香醋、姜汁醋等是在酿造醋成品中添加鱼露、虾粉、五香液、姜汁等配制而成的食醋品种。

二、

直播间：
油盐酱醋在线

（一）　生活中的油

中国饮食文化博大精深，无论是老百姓的日常饮食，还是饭店、餐馆的专业烹饪，"油"作为增添菜肴风味的主要调料之一，每日少用。俗话说，开门七件事，柴米油盐酱醋茶，油排行老三，成为老百姓每天都需要关注的"大事"。科学表明，食用油是人摄入脂肪的重要途径，和人的健康是密不可分的。20世纪90年代，世界卫生组织、联合国粮农组织建议：人体摄入的饱和脂肪酸、单不饱和脂肪酸、多不饱和脂肪酸平均比例均衡时，最有利于人体健康，并能预防心血管等慢性病。也正是因为上述理念，使食用油内涵从简单的烹饪佐料进入到了健康的层面，因为油恰恰能为人体提供必需的脂肪酸。

从中国的普遍饮食习惯来看，中国人大都通过热油烹调的方法进行每日三餐的必要营养摄取，因此，如何利用食用油帮助人体脂肪酸达到理想均衡的摄入比例，促进营养均衡吸收，改善人体营养状况，成为了我国饮食健康方面新的关注点，同时也推动着我国的食用油企业在健康理念上的新一轮竞争。

目前，我国食用油市场已经从讲究"安全与卫生"基础阶段迈入注重"营养与健康"的新领域，食用油开始成为人体营养均衡的载体。怎样用食用油产品更加透彻地诠释"营养均衡"的概念，成为各大食用油企业竞相出手的焦点。近些年来，国内食用油行业针对中国人的脂肪酸需要，从以前出品各种单一种类的食用油逐渐推出第一代调和油，即将花生油、芝麻油与菜籽色拉油混合起来，在保证卫生安全的基础上，增加了口感和营养

元素。由此，调和油在油品生产业内迅速红火，各个食用油生产企业也纷纷推出相应产品。之后，集合菜籽油、大豆油、玉米油、葵花籽油、花生油、芝麻油、亚麻籽油、红花籽油8种原料调和成的"第二代调和油"，将"营养均衡、健康生活"新理念推进了一步，其三种脂肪酸比例均衡度更进一步，调和油正快速成为食用油市场极具竞争力的全新品类。

近年来，在全球大健康以及"2030健康中国"的大背景下，人们对于健康饮食以及健康食用油的追求达到了一个新的高度。调和油虽然仍在主流，但同时各种优质的油料作物也越来越多地出现在了大众的视野中。

1. 植物油

(1) 大豆油

大豆油，也可简称为"豆油"，取自大豆种子，是世界上产量最多的油脂，具有营养丰富、口感良好、价格低廉的特点，是最常用的烹调油之一。纯大豆油是无色透明、略带黏性的液体，有特殊的豆腥味，分为冷压大豆油和热压大豆油两种。冷压大豆油的色泽较浅，生豆味淡；热压大豆油由

大豆油

于原料经高温处理，其出油率虽高，但色泽较深，并带有较浓的生豆气味。大豆油按加工程序的不同又可分为粗大豆油、过滤大豆油和精制大豆油。粗大豆油为黄褐色，精制的大多数为淡黄色，黏性较大。在空气中久放后，油面会形成不坚固的薄膜。大豆油的热稳定性较差，加热时会产生较多的泡沫。

营养价值

大豆油具有很高的营养价值和食疗保健功效，人体消化吸收率高达98%，一般人均可食用。大豆油中含有丰富的亚油酸等不饱和脂肪酸，经常食用可促进胆固醇分解排泄，减少血液中胆固醇在血管壁的沉积，具有降低血脂和血胆固醇、保护机体的作用，大豆油中的豆类磷脂能够起到促进大脑、神经生长发育的作用。但是大豆油食用过多对心脑血管还是会产生一定影响，而且容易导致肥胖。

储存方法

大豆油的贮藏应在密封的容器中，放置在避光、低温的场所。在将大豆油装桶前，必须将装具洗净擦干，装桶时，量应适中。装好后，应在桶盖下垫以橡皮圈或麻丝，将桶盖拧紧，防止雨水和空气侵入。同时在装有大豆油的桶上及时注明大豆油的名称和装桶日期等，以防过期。在严冬季节或气温低的地区，要用稻草、谷壳等围垫油桶，加强保温，防止大豆油凝固。

大豆油在加工过程中还会带进一些容易引起酸败的非油物质，所以大豆油最好不要长期贮藏。精制大豆油在长期储存中，油色会由浅逐渐变深，当大豆油颜色变深时，便不宜再作长期储存。在未经特殊处理的条件下（例如加入抗氧化剂），大豆油的保质期（即最佳食用期）最长也只有1年。

选购方法

市场上的大豆油种类繁多，品质不一，选购大豆油的时候可以参考以下六点：

气味：不应有焦臭、酸败或其他异味。一级大豆油应基本无气味，等级低的大豆油会有豆腥味。

滋味：大豆油一般无不良滋味，滋味有异感，说明油的质量发生变化。

色泽：质量等级越好的大豆油颜色越浅，一级大豆油为淡黄色，等级越低色泽越深。

透明度：质量好的大豆油应是完全透明的，油浑浊、透明度差说明油质差或掺假。

沉淀物：质量越高，沉淀物越少。一级大豆油常温下应无沉淀物，在0℃下冷冻5.5小时应无沉淀物析出，但冬天低于0℃则会有较高熔点的油脂结晶析出，这为正常现象，非质量问题。

标签：主要看标签上的出厂日期和保质期，包装上没有这两项内容的大豆油不要购买。更不要购买散装油，因为散装油的保质期没有保障，而且油脂可能已经产生变质，对一个没有专业知识，又无检测手段的普通消费者来说，这种变质是不易观察到的。

大豆油食用小秘诀
扫一扫，了解更多吃的科学

 小贴士

①相比较菜籽油而言，大豆油的气味闻起来比较淡，没有菜籽油那么浓烈。所以对于不太喜欢吃菜籽油的人来说，可以用大豆油作为日常用油使用。

②大豆油含磷脂较多，用鱼肉或肉骨头熬汤时，加入适量大豆油可熬出浓厚的白汤，非常诱人。但大豆油有大豆味，往往会影响汤的味道，如果在大豆油加热后投入葱花或花椒，可有效地除去大豆油中的大豆味。

③大豆油也可以直接用于凉拌，但最好还是加热后再食用。

(2) 花生油

花生油，淡黄透明，色泽清亮，气味芬芳，滋味可口，是一种比较容易消化的食用油。

花生油

营养价值

花生油中含有多种抗衰老的成分，如维生素E、胆碱等，其中胆碱具有改善人脑记忆力，延缓脑功能衰退的作用。花生油还含有3种具有保护心脑血管功能的保健成分：白藜芦醇、单不饱和脂肪酸和β-谷固醇，已有实验证明，这三种物质对肿瘤类疾病以及血小板聚集、动脉硬化和心脑血管疾病有预防作用。

储存方法

花生油在一般贮藏条件下，会发生自动氧化酸败的过程，尤其是在夏季室温和库罐温度超过30℃时，如果花生油存放在露天油罐或者每天受到阳光的暴晒，环境因子会促使油脂的氧化过程加速。特别是在阳光中的紫外线或金属催化剂的作用下，超过50℃的辐射温度会使油脂酸败的过程变得尤为迅速。因此我们在家中贮藏花生油时需要注意以下两点：

①要注意温度。将花生油充满容器并密闭贮藏在低于15℃的温度下，注意遮光避阳。有的家庭习惯于把油储存在地下室，这也是个不错的选择。

②对长期贮藏的花生油，可添加0.2%的柠檬酸或抗坏血酸，以破坏金属离子的催化作用，延长贮藏期。许多进出口的油中都添加这类物质，有的还添加抗氧化剂（如BHA、BHT、PG等）。

如何选购花生油
扫一扫，了解更多吃的科学

选购方法

花生油选购时，可以参考以下四个方法：

一是观色法。一般地说来，花生油有生榨和熟榨之分，生榨的花生油颜色一般呈浅橙黄色；熟榨花生油则呈深橙黄色，两种都较为清新而透明。纯正的花生油一般在气温3℃以下时凝结而不流动，如果掺有猪油或棕榈油，在气温10℃时就开始凝结而且不流动。

二是闻味。滴几点油在手掌上，用手指摩擦感觉微热后，用口吹一阵热气，若为纯花生油则有浓郁的花生特有香味而无异味。

三是观油瓶。拿到瓶装的花生油，先看是否有沉淀物或是悬浮物，然后用力地摇一摇，观察其泡沫是否黏度大，是否洁白，若黏度大、泡沫多、色洁白，且气泡慢慢消失，则为优。

四是看生产日期及保质期。花生油保质期一般为12～18个月。

小贴士

①用于小儿祛风。夏天小孩子容易"受风着凉"，轻微的"受风"可以用花生油擦肚子，有祛风的作用。

②用于止咳。如果宝宝刚出现感冒咳嗽的迹象，可以将花生油中放点陈皮，用火烧开油后，稍微放凉，倒在掌心搓，搓热后再给宝宝搓后背，有止咳嗽的功效。

③防止粥水沸溢。只要在粥水尚未烧开之时往锅中滴入少许花生油，待水烧开后改用慢火，这样无论煮多长时间，粥水也不会溢出锅外。

④使蛤蜊吐沙。在盛有蛤蜊的容器中加入几滴花生油，然后用筷子搅开，使油花均匀铺在水面上，这样水与空气隔绝，蛤蜊很快就会把泥沙吐出来。

⑤用作养花肥料。在远离植物根部的适当位置倒入适量废油，并用土掩埋之后正常浇水，可起到补充植物养分的作用，对于吊兰、芦荟、绿萝等观叶植物效果尤其好。

（3）芝麻香油

根据《GB8233-2008芝麻油国家标准》可以将芝麻油分为三类：一是芝麻香油，很多地方也将其称之为香油，是由焙炒过的芝麻子采用压榨、压滤、水代等工艺制取的，具有浓郁香味；二是芝麻原油，是用芝麻子采用浸出工艺制取，没有经过任何处理的油品，这种油不能直接食用；三是成品芝麻油，就是芝麻原油经过精炼加工制成的油品。消费者家中最常见的芝麻油指的就是芝麻香油，俗称麻油。

营养价值

芝麻香油的香气浓郁，这种香味在菜熟了以后依然还在，所以它才能够刺激人的感官，起到增进食欲的作用，这点对老年人尤其有效，所以家

芝麻香油

中有老人的，不妨备些芝麻香油。

芝麻香油中含有丰富的维生素E，具有促进细胞分裂、延缓衰老的作用；含有40%左右的亚油酸、棕榈酸等不饱和脂肪酸，容易被人体吸收和利用，具有保护血管、辅助降血压的功能。

储存方法

芝麻香油的储存比较简单，我们将新鲜的芝麻香油装入一个小口玻璃瓶内，按500克芝麻香油放1克盐的比例放入盐，盖紧瓶盖，不断摇动，待盐化后，放在暗处。3日后，将芝麻香油倒入暗色玻璃瓶内，瓶塞最好不要直接使用橡皮塞，在橡皮塞外边用塑料做个隔离，以防橡皮塞和芝麻香油串味，置避光处，随吃随倒即可。

选购方法

消费者在购买芝麻香油时可以注意以下六点：

一看色泽：纯芝麻香油呈淡红色或红中带黄，如掺入其他油，色就不同。掺菜籽油呈深黄色，掺棉籽油呈黑红色。

二看透明度：质量好的芝麻香油透明度好，无浑油。

三看有无沉淀物：质量好的无沉淀和悬浮物，黏度小。

四看有无分层现象：芝麻香油对温度相当敏感，所以在温度较低时有可能分层。若在常温下有分层，0℃下黏度无明显增加，不凝结则很可能是掺假的混杂油；若在什么温度下都无分层，说明芝麻香油中加入了防冻添加剂。

五查商标：要认真查看其商标，注意保质期和出厂期及原料和配料，无厂名、厂址、质量标准代号的，要特别警惕。

六看价格：1 250克左右芝麻可制出500克芝麻香油，考虑到榨油原料成本较高，因此卖价过于便宜的芝麻香油就很有可能是香精勾兑的。

对于掺有其他植物油的芝麻香油，可采用水试法和嗅闻法鉴别。

水试法：用筷子蘸一滴芝麻香油滴到平静的水面上，纯芝麻香油会呈现出无色透明的薄薄的大油花，掺假的则会出现较厚较小的油花。

嗅闻法：小磨香油香味醇厚、浓郁、独特，如掺进了花生油、大豆油、精炼油、菜籽油等则不但香味差，而且会有花生、豆腥等其他气味。部分芝麻香油如果是由食用香精勾兑而成，则嗅感会比较差。

 小贴士

①有习惯性便秘的人，不妨早晚空腹喝一口芝麻香油，能润肠通便。

②有抽烟习惯的人可以经常喝点芝麻香油，可以减轻烟对牙齿、牙龈、口腔黏膜的直接刺激和损伤，同时对尼古丁的吸收也有相对的抑制作用。

③饮酒之前喝点芝麻香油，则对口腔、食道、胃贲门和胃黏膜起到一定的保护作用。

④常喝芝麻香油能增强声带弹性，使声门张合灵活有力，对声音嘶哑、慢性咽喉炎有良好的恢复作用。

⑤慢性鼻炎患者，用消毒棉球蘸取芝麻香油涂于鼻腔患处，可缓解症状。

⑥当误吞鱼刺、枣核、碎骨时，喝口芝麻香油能使异物顺利滑过食道，减少损伤。

⑦患有气管炎、肺气肿的人，在晚上临睡前喝口芝麻香油能显著减轻咳嗽。

⑧患有牙周炎、口臭、扁桃体炎、牙龈出血时，每天含半匙芝麻香油可减轻症状。

香油文化

古人把芝麻叫做"胡麻""脂麻"，称芝麻油为"胡麻油""脂麻油"。在我国，芝麻油是出现最早的植物油脂，最早关于香油文化的记载距今已经有1 600多年了，在唐宋时期，芝麻香油一度被当时的人视为最上等的食用植物油。

现今的小磨香油以河南驻马店地区所产最为著名。驻马店一带制作小磨香油的历史悠久，甚至可以追溯到明代。在清初时期，驻马店小磨香油已经成为朝廷贡品，当地小磨香油生产已成规模，油坊遍及乡里，农家十之八九通磨油之计，天中（指清代的汝南府）村村有油坊，家家出"油匠"，满街叮当响，到处都是"卖油郎"，当地也逐渐形成了香油饮食文化。

相传雍正十年（公元1732年）春，督粮道陶正中及其随行官员来到汝南府视察民情。来到驻马店，一行人正在街上走，忽闻一阵浓香，便问陪同官员，答曰：此处有一小磨香油坊，此香乃从此坊传来。一行人来到油坊，但见炊烟袅袅，大锅内芝麻热气腾腾，另一锅内香油枣红香亮，陶大人大喜，向随行官员道："此乃绝佳供品！"随即封了十坛，送往北京。雍正皇帝品其所制菜肴，龙心大悦，当即下旨，着汝南府官员，扩大芝麻种植，大力推广小磨香油的加工，将所有油坊所产出油评判品级，一等上贡，二等交由官府统管，余下的自由销售。至此，流传数百载的驻马店小磨香油才被外人知道。

(4) 橄榄油

橄榄油在地中海沿岸国家有几千年的历史，色泽金黄色中略带有绿色，味道有橄榄果香味、苦味、辣味，烟点在240～270℃，远高于其他常用食用油，因而能反复使用不变质，适合烧、烤、熬、煮各类菜肴和煎炸食品。《GB23347−2009橄榄油、油橄榄果渣油国家标准》规定，以油橄榄树的果实为原料制取的油脂叫做橄榄油（Olive oil），橄榄油分为初榨橄榄油（Virgin Olive Oil）、精炼橄榄油（Refined Olive Oil）和混合橄榄油（Blended Olive Oil）三大类。

橄榄油

初榨橄榄油是采用机械压榨等物理方式从油橄榄果实中制取的油品，榨油过程中仅采用清洗、倾析、离心或过滤工艺对原料进行处理，可分为三个级别，见表2。

表2 初榨橄榄油分类

中文名称	英文名称	游离脂肪酸含量（以油酸计）	用途
特级初榨橄榄油	Extra Virgin Olive Oil	≤0.8克/100克	质量最佳，可食用
中级初榨橄榄油	Medium-grade Virgin Olive Oil	≤2克/100克	质量佳，可食用
初榨油橄榄灯油	Lampante Virgin Olive oil	>2克/100克	不可食用

精炼橄榄油是初榨油橄榄灯油经精炼后所得到的橄榄油，在通过脱色、除味等一般食用油提炼过程后，其游离脂肪酸含量（以油酸计）为每100克油中不超过0.3克，可以食用。

混合橄榄油是精炼橄榄油和初榨橄榄油（除初榨油橄榄灯油外）的混合油品，其游离脂肪酸含量（以油酸计）为每100克油中不超过1克，可以食用。

营养价值

橄榄油富含丰富的单不饱和脂肪酸，即油酸及亚油酸、亚麻酸，还有维生素A、维生素B、维生素D、维生素E、维生素K及抗氧化物质等，具有保护心血管系统、预防动脉硬化以及心脑血管疾病的作用。橄榄油中不含胆固醇，因而人体消化吸收率较高，其脂溶性维生素及抗氧化物质等能够改善消化系统功能、促进新陈代谢。

储存方法

橄榄油应放置在阴凉避光处保存（最佳保存温度为5～15℃），但最好不要冷藏，冷藏后的橄榄油容易变质。橄榄油保质期通常有24个月，但最佳品尝时间是1年，冷榨橄榄油的最初两个月是橄榄油风味最佳的时候。每

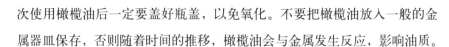
次使用橄榄油后一定要盖好瓶盖，以免氧化。不要把橄榄油放入一般的金属器皿保存，否则随着时间的推移，橄榄油会与金属发生反应，影响油质。

选购方法

橄榄油产品众多，有的商家说，买橄榄油要看酸度，酸度越小越好，其实不然。选购橄榄油时可以考虑以下三点：

一看产地。目前国内销售的橄榄油大部分依赖进口，世界橄榄油主产国集中在地中海沿岸，如西班牙、意大利、希腊、突尼斯、土耳其、葡萄牙、叙利亚、约旦、巴勒斯坦、以色列、埃及、黎巴嫩、摩洛哥、法国以及新兴国家如南非、澳大利亚、智利、阿根廷等，商标上注明具体的国别，如"生产国意大利"或者"made in Spain"；如果没有清楚标明国别或者标的是"made in Mediterranean Sea"就不能确保油的品质。

二看级别。级别标准可参考前文所述国标，其中特级初榨橄榄油是最高级别的橄榄油，中级初榨橄榄油次之。

三看加工工艺。采用机械压榨等物理方式制取的橄榄油质量比化学工艺精炼的橄榄油好。

 小贴士

①特级初榨橄榄油可以直接涂抹面包或与其他食品蘸食。

②橄榄油适合调拌各类素菜和面食，其拌制的沙拉或食物，色泽鲜亮，口感滑爽，气味清香，有着浓郁的地中海风味。

③橄榄油是做冷酱料和热酱料最好的油脂成分，可以充分保护新鲜酱料的色泽。腌制食物或烘焙面包和甜点时可使食物口感更丰富。

④煮饭时倒入1匙的橄榄油，可使米饭更香，且粒粒饱满。

⑤橄榄油可用于护肤护甲和养护头发。洗发前，将适量的橄榄油均匀抹在头发上，20分钟后按照正常程序洗发即可。或者洗头时，在温水中加入少量橄榄油，也可滴几滴到手上直接涂抹头发，可使头发变得光泽柔顺。

⑥橄榄油加盐，以打圈的方式按摩15分钟到半个小时，每周2～3次，清洁黑头效果神奇。

⑦用橄榄油按摩赘肉能够帮助脂肪燃烧，辅助减肥。

⑧菌痢患者、急性肠胃炎患者、腹泻者以及胃肠功能紊乱者不宜多食橄榄油。

(5) 茶油

"茶油"也称为"油茶籽油""土茶油""野茶油"，是我国特有的木本油脂，在我国食用油的历史上，茶油因其养生效果一直被历代皇帝所青睐。近年来，随着绿色有机消费理念的推行，山茶油因其纯自然、营养丰富、绿色环保逐渐被人们所认知，被誉为"东方橄榄油"，成为人们的馈赠佳品。

茶油

营养价值

我国的茶油是联合国粮农组织重点推广的健康型高级食用油之一，茶油与橄榄油的脂肪酸组成及油脂特性、营养成分相似，茶油中还含有橄榄油所没有的特殊生理活性物质，如山茶、山茶皂、茶多酚等。

茶油具有健脾养胃、增强记忆力、通便消脂、降脂降压、提高代谢、祛斑养颜、除皱、抗衰老、减肥、降低胆固醇、养发、化学预防肿瘤等多种功效，对发育也有促进作用，因此也被人们称为"长寿油"。美国人类营养研究委员会主席Artemis P.Simopoulos 所写的营养学专著《欧米伽膳食》被誉为国际营养标准，而茶油的脂肪酸比例完全符合书中对国际欧米伽膳食油的营养要求。

孕妇在孕期食用茶油不仅对胎儿的正常发育十分有益，还有益于产后母乳分泌。儿童食用茶油可利气、通便、消火、助消化，对促进骨骼发育很有帮助。老年人食用茶油则可以去火、养颜、明目、乌发、抑制衰老。

选购方法

现在市面上茶油品牌良莠不齐，以下六点可以作为选购茶油时的参考。

一看产地。茶油产地对于茶油的价格和质量的影响较大。不饱和脂肪酸含量越高，茶油品质就越好。一般来讲，纬度越高，茶油相对的不饱和脂肪酸含量就越高，这和植物生长周期有关。

二看分级。我国食用油质量标准体系规定，我国市场上的食用植物油一般会有不同的等级，如茶油有压榨一级和压榨二级，压榨一级质量最好。

三看加工工艺。茶油生产工艺有压榨法和浸出法之分，压榨法比浸出法能保留更多营养物质。

四看指标。首先是看酸值，一般来说，酸值越低茶油质量越好。其次是烟点，烟点越高，说明油品质量越高，这在油下锅特别是高温加热的时候就可以判断。

五要看透明度及闻其味道。优质茶油通常通透度高、颜色浅，而颜色过深的油可能存在溶剂残留量超标的问题。如果购买的茶油放入手心摩擦或者锅内加热有酸味，那说明油品质量差，质量好的茶油即使加热超过200℃也不可能有酸味。在冬天气温低的时候，沉淀物越多说明茶油品相越差，沉淀少或者没有沉淀，说明油质量好。在夏天或者气温高的季节，以肉眼观察，越清澈透明有亮度的茶油质量越好。

六要注意名称。不要把名字相似的茶树油或茶叶籽油当作山茶油。茶叶籽油是茶树的果实提取的，是茶叶生产的副产物，而油茶籽油是从油茶树的果实提取的，别名也叫山茶油、茶油、清油、茶籽油等。

储存方法

茶油适宜储藏于阴凉干燥避光的地方，最佳储存温度在10～25℃。0℃左右的低温天气，大罐装的茶油会出现少许乳白色絮状结晶物，这是正常现象，不影响食用，温度高自然会消失。（注：极品茶油经过冷冻处理不会有此现象。）

茶油中存在大量的抗氧化物，在常温下的能够保存2年，比普通食用油的保质期长得多。

 小贴士

①多样烹调。茶油可直接用于凉拌各种荤、素菜，同时还可以调制沙拉酱，具有色泽鲜亮、口味爽滑，清淡、不油腻等特点。茶油烟点高，可以在220℃高温连续油炸20小时不变质，不产生反式脂肪酸，品质也不会发生改变，适合煎炸食品，用茶油热炒食品不发黑，清爽可口，不油腻。在烘烤前或烘烤时涂抹一层茶油，可以保持食物鲜香酥脆，口感爽滑，不易糊焦。在煮汤时或煮汤后加入一匙茶油，汤会更清鲜味美。

②防晒护肤。在高原地带或者光照充足的地方，涂抹茶油可以有效地起到防晒、防紫外线的作用。10滴茶油与1毫升桃仁油、5滴薰衣草油混合后涂抹面部，有消炎、祛暗疮及收缩毛孔作用。茶油还可涂手，也可涂抹面部及妊娠纹、皱纹、嘴唇处，能起到除皱祛斑和保湿作用。

③洗发护发。清洗头发后，在干净的水中放入几滴茶油，搅匀后洗发、按摩，再用温水洗净头发，能防止头癣、脱发、皮屑产生，此外还能止痒。

④防治叮咬。茶油直接涂用能防治蚊虫叮咬，有很好的止痒效果，浓茶油还可以去除疣。

(6) 玉米油

玉米油，又称玉米胚芽油、粟米油，是从玉米的胚芽中提炼的植物油，色泽金黄透明，清香扑鼻，特别适合快速烹炒和煎炸食品，一般人群均可食用。玉米油口味清淡，烹调中油烟少，用它做出来的菜清爽可口，不易

玉米油

让人产生油腻感，而且既能保持菜品原有的色香味，又不损失营养价值，深受消费者喜爱。

营养价值

玉米油本身不含胆固醇，而其脂肪酸组成是以油酸和亚油酸为主的不饱和脂肪酸，含量达86%，其中56%是亚油酸，有降低人体胆固醇的作用，且人体吸收率高达97%，对于大多数人特别是老年人来说是一种理想的食用保健油。玉米油是母乳化奶粉中理想的油脂配料，对婴儿的生长、视网膜及大脑皮质发育非常有益。玉米油含有丰富的天然维生素A、维生素D、维生素E，可以起到防止干眼病、夜盲症、皮肤炎、支气管扩张及抗癌、抗衰老的作用。

储存方法

玉米油应储存在干净的容器内，并加盖封严。封好的玉米油要放在干燥、低温处，注意通风。可在玉米油中适量加入一些维生素E的汁液，这样能使食用油保质期延长；每次使用玉米油后应拧紧盖子，避免空气接触。

选购方法

玉米油的选购可以参考以下三点：

一看颜色。质量好的玉米油颜色是淡黄色，且质地透亮。好的玉米油水分不超过0.2%，油的颜色透明无杂质。

二闻味道。好的玉米油闻起来有一股玉米的清香味道，没有其他混杂的味道。如果闻到有酸败气味说明质量较差或者是已经变质了。

三看营养。玉米油的有效成分维生素E、不饱和脂肪酸的含量较高，其中亚油酸含量应在50%以上，且无胆固醇，购买油时，可查看标注各营养成分的含量。

小贴士

①使用玉米油时要注意不将油加热至冒烟，玉米油发烟即开始劣化。

②尽量不要重复使用玉米油，一冷一热容易使玉米油变质。使用过的玉米油不要倒入原油品中，因为用过的玉米油经过氧化后分子会聚合变大，使玉米油发生劣化变质。

③玉米油煎炸食物时，油炸次数最好不要超过3次，同时也要注意不要将食物炸至焦黑，以防产生过氧化物。

(7) 菜籽油

菜籽油俗称菜油，又叫油菜籽油、香菜油，主要由甘蓝型油菜和白菜型油菜的种子榨出，色泽呈金黄或棕黄，有一定的刺激气味，老百姓习惯把这个气味叫"青气味"。这种气味是菜籽油中的芥酸和硫苷所致，特优品种的菜籽油则不会有这种气味。

菜籽油

营养价值

菜籽油含花生酸0.4%～1.0%，油酸14%～19%，亚油酸12%～24%，芥酸31%～55%，亚麻酸1%～10%。从营养价值方面看，人体对菜籽油消化吸收率可高达99%，它所含的亚油酸等不饱和脂肪酸和维生素E等营养成分能很好地被机体吸收，具有一定的软化血管、延缓衰老的功效，一般人皆能食用。菜籽油还具有利胆功能，在肝脏处于病理状态下，菜籽酮也能被人体正常代谢。不过菜籽油中缺少亚油酸等人体必需脂肪酸，且其中脂肪酸构成不平衡，所以营养价值比一般植物油低，如能在食用时与富含亚油酸的优良食用油配合食用，其营养价值将得到提高。另外，需要注意的是，菜籽油中含有的芥酸和芥子苷等物质，一般认为这些物质对人体的生长发育不利。

储存方法

菜籽油在储存时要避免强光照射和高温，使用后要注意盖好瓶盖。另外，菜籽油勿放入一般的金属器皿保存。

选购方法

菜籽油的选购可以参考以下四种方法：

一是观颜色。菜籽油油体透亮，色浓，呈浅黄、黄绿、蓝绿。

二是闻气味。菜籽油带有果香味。

三是尝味道。菜籽油口感爽滑，有淡淡的苦味及辛辣味，喉咙的后部有明显的感觉。

四是看标签。注意菜籽油的生产日期、保质期等标签信息。

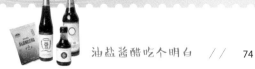

 小贴士

菜籽油因为有些"青气味"，所以不适合直接用于凉拌菜，想要去除这种"青气味"可以参考以下方法：

①在热油中加一些花椒、茴香、葱段、蒜瓣，炸至焦黄时捞出。用这些具有浓郁香味和辛辣味的调料，淡化菜籽油中的异味。

②把馒头片、面包片或米饭粒，放入烧沸的油中，炸成焦黄时捞出；或者在油烧开后，把锅端下，往热油中撒一把干面粉，等面粉在油中焦化沉淀后，把油倒出。这些食物中的淀粉能够吸附油中的芥子苷，可去掉"异味"。

(8) 葵花籽油

葵花籽油是从葵花子中提取的油类，也是健康油脂中的一种。葵花籽油油色金黄、清明透亮，有令人喜食的清香味，烹饪时可以保留天然食品

葵花籽油

风味。另外，它的烟点也很高，可以免除油烟对人体的危害，是欧洲人、俄罗斯人的主要食用油。全球葵花籽油产量稳定在1 000万～1 200万吨，在世界范围内的消费量在所有植物油中排在棕榈油、豆油和菜籽油之后，居第四位。

营养价值

葵花籽油是以高含量的亚油酸著称的健康食用油，亚油酸含量可达70%左右，还含有甾醇、维生素等多种对人类有益的物质，其中天然维生素E含量在所有主要植物油中含量最高，而且亚油酸含量与维生素E含量的比例比较均衡，便于人体吸收利用，人体消化率为96.5%。另外，葵花籽油中还含有丰富的维生素B_3和胡萝卜素，胡萝卜素的含量比花生油、麻油和大豆油都多，而且生理活性最强的α生育酚的含量也比一般植物油高。

葵花籽油可以降低血清中胆固醇含量，能够降血压和预防心血管疾病，具有良好的延迟人体细胞衰老、保持青春的功能，对神经衰弱和抑郁症等精神病治疗也有辅助效果，适合高血压患者和中老年人食用。

储存方法

葵花籽油的保存期限一般为12～14个月，应放在干燥通风的阴凉处密封保存。

选购方法

一看色泽。葵花籽油呈金黄色，那些有杂质、颜色暗淡或呈棕褐色的最好不要买。

二闻香味。葵花籽油有淡淡的坚果味。

三看沉淀。加工精度低的葵花籽油放置一段时间后，会有不同程度沉淀。

小贴士

①葵花籽油不适于直接食用，适合清炒、煎炸和做汤。做汤时有很强的提味作用，可使汤生色不少，口感爽滑，清香而不油腻。

②葵花籽油不宜长期单一食用或者过量食用，从营养均衡的角度来说，可以将葵花籽油与其他基础油稀释食用或调换着吃。

（9）亚麻子油

亚麻子油是由亚麻子经过压榨制取的油类。亚麻子在中国属于传统的油料作物。油用亚麻种植在中国已有600多年的栽培历史，目前主要分布在中国的华北、西北地区，以甘肃、内蒙古、山西、新疆四省产量最大。

亚麻子油

营养价值

亚麻子油中α-亚麻酸含量为53%，是Ω-3（α-亚麻酸）含量最高的植物油，由于α-亚麻酸对身体的重要性，亚麻子油也被称为"液体黄金"，有抗肿瘤、抗血栓、降血脂、营养脑细胞、调节植物神经等作用。亚麻子油中还含有维生素E和类黄酮，具有降血脂，抗动脉粥样硬化，抗衰老的保健作用。

食用亚麻子油可以使肌肤娇柔亮泽，改善女性经前期综合征，减轻过敏反应，减轻哮喘，促进器官组织炎症的消退，降低胆固醇，减轻便秘症状等。

选购方法

选购亚麻子油时，建议将低温初榨亚麻子油作为首选。天然的亚麻子油可以按照以下方法进行鉴别：

①闻起来气味芳香、清雅，吃起来略带一种清淡的鱼腥味。

②冷冻后无固体物质（蜡），但是有棉絮物质（亚麻中的天然物质）。

③纯正的亚麻子油颜色应该为褐红色，半透明，尝起来无异味，若是金黄色可能是掺了其他油，或成分不纯。

储存方法

亚麻子油最好低温保存，在开瓶之后可储存在冰箱中。亚麻子油容易氧化，保存时须采取添加抗氧剂或充氮密闭的办法。在开瓶之后，应在尽可能短的时间内将油用完，并注意每次用完之后将瓶盖盖好。需避光保存。

 小贴士

①直接食用。亚麻子油可以直接食用，成人每日摄入15～20毫升，儿童酌减至5～10毫升。可在酸奶中直接加入亚麻子油混合食用。

②调拌蔬菜。亚麻子油的营养价值较高，但烟点较低，加热时非常容易冒烟，因此不宜用于煎炸，而适合凉拌食用，或者低温烹调，最好与清淡的蔬菜搭配，这样才能更好地起到保健的作用。

③熬煮汤粥。在煮熟的粥、汤中加入亚麻子油,增色又调鲜。

④调和用油。亚麻子油与其他的植物油相比,营养成分相对少一些,因此最好用亚麻子油和其他食用油混合,做成调和油,使各种营养成分达成均衡。自己做调和油,比例建议为1份亚麻子油和2份花生油或其他食用油混和,如果有条件,还可以加一些橄榄油。将亚麻子油(少量)与其他植物油(多量)调和后,即可用于炒菜,但炒菜时要注意掌控油温,不能过高,最好控制在80℃以下(建议热锅冷油或油在锅底涌动或起泡时赶紧放菜)。

(10) 椰子油

椰子油由椰子肉(干)榨出,为白色或淡黄色脂肪,是我们日常食物中唯一由中链脂肪酸组成的油脂。其中饱和脂肪酸含量达90%以上,但熔点只有24~27℃,在这温度之上,它是清澈透明的液体,低于此温度是白色糊状物。口味与椰汁有点相似,但不甜。椰子油发烟点较低,为177℃以下。

椰子油

营养价值

椰子油由中链脂肪酸组成，而肝脏倾向于使用中链脂肪酸作为产能的燃料来源，所以食用椰子油能够提高新陈代谢的效率，从而起到减肥的作用。而且中链脂肪酸具有天然的综合抗菌能力，比其他食物的长链脂肪分子小，易被人体消化吸收，所以椰子油的消化无需动用人体胰消化酶系统，对身体的酶和激素系统施加的压力小。椰子油还能够辅助治疗儿童的佝偻病、成人的骨质疏松、保护骨骼不受自由基损伤，它的饱和脂肪酸还可以起到抗氧化剂的作用。

储存方法

椰子油性能稳定，不需冷藏保存。它在常温中至少可放置2～3年。

选购方法

椰子油的选购可以考虑以下三个方面：

一看产地。泰国、菲律宾、澳大利亚的北部沙漠等亚热带气候地区产的椰子本身质量就高，充足的日晒，让这里的椰子味道更加香甜，抗氧化能力也更强，营养更加丰富，所产椰子油品质更优。

二闻气味。高品质的椰子油香味浓郁

三尝味道。高品质的椰子油口感非常香甜。

 小贴士

①椰子油作为植物油，含有85%的饱和脂肪，因此不宜过量食用，否则摄入过多饱和脂肪，容易令低密度胆固醇升高，导致血管栓塞等问题。如果是为了增加中链脂肪的摄入量，用椰子油代替其他食用油烹调是最简便的办法。

②椰子油的发烟点低，不适合高温烹调，不过可以用来低温煎炒蔬菜或制作沙拉。如果不喜欢吃椰子油，可以取3~1勺加入燕麦片或冰沙里，制成饮品。

③椰子油可用作护发素或柔顺剂。就像平时用护发素一样，把椰子油抹在发梢一会儿后，用温水洗净，再按摩一下头皮即可。

④椰子油用于治疗头虱。将半杯椰子油融化，抹在头发上，按摩至头发和头皮，再用除虱梳清除所有虱子。

⑤可以用椰子油来保养木砧板。

(11) 核桃油

核桃油，是采用核桃仁为原料压榨而成的植物油，油质纯正清凉，色泽金黄，口感清淡，易被消化吸收，可提供人体所需的多种营养，帮助调节体内油脂平衡，是适合婴幼儿、孕妇、学生、白领及用脑工作过度的人群等食用的天然保健食品。

核桃油

营养价值

核桃油所含亚油酸和亚麻酸分别高达64%和12.2%，脂肪酸组成与人类的母乳非常接近，容易被人体消化吸收，还含有丰富的钙、锌、磷、钾等矿物质元素，适合生长发育期儿童以及女性妊娠、产后康复食用。核桃油具有增强免疫力、延缓衰老、调节人体胆固醇、润肠通便、缓解疲劳、改善记忆力以及帮助婴儿智力发育，促进骨骼、牙齿和头发生长的作用。

储存方法

核桃油的保质期一般在18个月左右，最好密封贮存于阴凉干燥处，避免阳光直射，贮存温度在10℃以下，若出现少许沉淀属正常现象，不影响质量。

选购方法

挑选核桃油时应该注意，好的核桃油会散发出一股香醇的核桃味，口感清鲜淡雅，无刺激，入口有一股天然核桃味。

小贴士

①每日早晨空腹，核桃油或将其调入牛奶、酸奶、蜂蜜和果汁等一齐服用，能减轻便秘症状，效果奇佳。

②给婴儿蒸羹时可以适当加入核桃油少许，但要注意食用量。例如6个月的婴儿一般每天吃5毫升左右，6～12个月大的婴儿每天吃10毫升，1～3岁的每天吃15毫升。

③核桃油作为添味剂，在吃面包等食物的时候可蘸取，也可以用作凉拌蔬菜和沙拉的佐料，还可以作为调味料添加到做好的汤、面、馅料等食物中，尤其适合烹调海鲜时使用，营养和口味最佳。

④用核桃油烹炒时，可以与其他食用油按照1∶4的比例进行混合使用，温度最好控制在160℃以下，过高温度会使核桃油中的脂肪酸失去营养功效。

⑤核桃油用于保养木质家具，调制油画颜料效果特佳。

（12）红花籽油

红花籽油又称红花油，呈黄色，色淡无味，清澈透明，是由红花籽低温萃取而得的油品，通常可与其他食用油调和成"健康油""营养油"等，同时也是制造亚油酸丸等保健药物的上等原料。

红花籽油

营养价值和功效

红花籽油的脂肪酸组成为棕榈酸5.3%～8.0%，硬脂酸1.9%～2.9%，油酸8.4%～21.3%，亚油酸67.8%～83.2%，富含维生素E、谷维素、甾醇等营养成分，有防治动脉硬化和降低血液胆固醇的作用。成品红花籽油可

以直接口服，适用于"三高"人群，事实上，市场上销售的红花籽油胶囊，就是封装的优质红花籽油，作为心血管、高血压等病症的特效辅助保健品使用。

储存方法

红花籽油因不饱和酸含量高，易氧化酸败。在长期保存红花籽油时，要注意脱水、防水，贮藏在清凉通风之处，避免日晒和重金属离子的进入。

选购方法

选购红花籽油时要注意以下四个方面：

①仔细阅读红花籽油的包装以及产品标签。注意品牌、配料、油脂等级、质量标准代号、生产厂家等标识是否完整，并特别注意封口是否完整、严密，尽量选择大品牌、大厂家的产品。

②尽量选择保质期近的、分级为一级的红花籽油。

③根据个人的营养需求来选购或者调配适合自己的红花籽油。

④不要购买散装红花籽油或者毛油（未经提纯的油品）。

 小贴士

①红花籽油可以直接口服，也可作为凉拌菜用油。

②红花籽油可用于煎、炸、热炒，需注意温度不要超过255℃，加热时间不宜太长，最好将食物与油一起加热，以免油的局部过热。

③冲调红花籽油：将1个鸡蛋打散并加20毫升红花籽油，再加蜂蜜1汤勺，用开水冲服，1天1次，可排毒、降脂、养颜；取红花籽油20毫升与鹰嘴豆粉30克，搅拌均匀后用开水冲调，1天1次，是高血脂、糖尿病患者的营养佳品。健康人群食用时，红花籽油用量依据个人情况酌减。

（13）葡萄子油

葡萄子油是由葡萄种子精制而成，呈漂亮而自然的淡黄色或淡绿色，无味、细致、清爽不油腻，热稳定性好，发烟点高达248℃，最大产地在中国。

葡萄子油

营养价值

葡萄子油的主要成分为维生素B_1、维生素B_3、维生素B_5、维生素C、维生素F、叶绿素、微量矿物元素、必需脂肪酸、果糖、葡萄糖、矿物质，钾、磷、钙、镁以及葡萄多酚，其中最重要的两种成分是亚油酸与原花青素。葡萄子油中亚油酸含量达70%以上，具有抵抗自由基、抗老化、强化循环系统弹性等功效，而原花青素具有保护血管弹性、阻止胆固醇囤积在血管壁，使肌肤保持应有的弹性及张力等功效。葡萄子油适用于心血管疾病患者，长期使用电脑、手机和电视的人士以及需要美容，希望保持肌肤美白、润泽、富有弹性的女性。

储存方法

葡萄子油不耐储存，容易氧化变质。储存葡萄籽油时务必要避光、密封，一旦开封，最好在1个月内吃完。

选购方法

选购葡萄子油时可以参考以下三个方面：

一要观察颜色。优质的葡萄子油呈浅黄色或淡绿色，由于原料的影响，颜色略有不同，整体呈半透明，色泽清亮有光泽。如果是颜色比较深，透明度差，略带浑浊的产品一般是加工比较差的葡萄子油，尤其是出现分层现象的，更有可能是掺假产品，一定不要购买。

二是注意嗅闻气味。高品质的葡萄子油一般有淡淡的葡萄子味，或略带有葡萄酒的味道。

三是鉴别方法。将葡萄子油放在0℃左右的环境冷藏约5小时，葡萄子油仍是澄清、透明的状态，则品质较好。若经过冷藏，出现分层、凝固或絮状沉淀，则该葡萄子油品质较差。

 小贴士

①葡萄子油适合烹调海鲜，用葡萄子油烹调海鱼可以去除腥味，保持海鱼固有鲜味，红烧、凉拌贝类和虾时使用风味鲜美。

②葡萄子油可用于配制调和油：葡萄子油与花生油或其他植物油调和，可以改善油的风味和品质，增加人体所需要的亚油酸含量，有效调节血脂。调和用量为葡萄子油1～2瓶与市场上5升装食用油调匀。

2. 动物油

（1）猪油

猪油，也称为荤油或者大油，色泽白或黄白，具有猪油的特殊香味，深受人们欢迎。猪油的熔点比羊油、牛油低，一般低于人体的体温，容易被人体吸收。中国人使用猪油主要有两个用途，一是炒菜，尤其是我国南方地区，人们认为炒菜加了猪油，菜品会富有营养而且更有香味，在中国南部的福州等地，还会将猪油淋至菜肴或面条直接食用；二是制作酥皮类点心，例如叉烧酥等。

猪油

猪油还有另一种吃法，就是炼成油渣子，有的地方也叫油梭子。南方就有油梭子炒青蒜辣椒的家常菜肴，东北地区因气候寒冷，也有很多人喜欢用盐花儿或者白糖拌油梭子吃。需要注意的是，油渣中含有大量动物脂肪，少吃无妨，长期食用可能导致胆固醇增高，高血压等肥胖病，如果油渣太糊太焦，最好不要食用。

营养价值

猪油中的饱和脂肪酸和不饱和脂肪酸比例相当，具有一定的营养，并且能够为人体提供极高的热量，但胆固醇含量比较高。

储存方法

猪油在天气炎热的时候容易变质，因此要注意采用合适的储存方法保存猪油。炼油的时候可以放几粒茴香，盛油时放一片萝卜或者几颗黄豆，猪油熬好后，趁着未凝结时，加进一点白糖、食盐或者豆油，搅拌后密封，可久存无怪味且不易变质。

选购方法

选购猪油的时候可以参考以下两点：

一看颜色。质量好的食用猪油在凝固时呈现白色，有光泽，细腻，呈软膏状；在融化态时则是微黄色，澄清透明，并且没有沉淀物。

二闻气味。质量合格的食用猪油具有猪油固有的气味和滋味，没有其他不良气味和味道。

 小贴士

①不宜用于凉拌和炸食。用猪油调味的食品要趁热食用，放凉后会有一种油腥气，影响食欲。

②蒸馒头的发面里揉进一小块固态猪油，蒸出来的馒头膨松、洁白、香甜可口。

③煮陈米时，加点猪油和少许盐，煮出来的饭松软、可口。

④猪油的热量高，适用于寒冷地区的人食用。一般人食用猪油时不宜过量，老年人、肥胖、心脑血管病患者和患有腹泻的人都不宜食用。

⑤北方寒冷的冬天，气温-15℃以下，一般的擦脸油基本上起不到保护作用，将猪油融化涂在脸上，冷风吹硬了之后有极好的隔温效果。

(2) 羊油

羊油，又叫羊脂，呈白色或微黄色蜡状固体，是山羊或者绵羊的脂肪油，多由熬煮羊的内脏脂肪组织而得。

羊油

其实市场上很多食品中都含有羊油，但羊油在家庭厨房中的应用似乎较少，羊油可以用于制作面胚保存，冬季寒冷的时候可以作为补品，搭配肉和蔬菜，用于制作早餐。羊油用于烩面，是河南的一道小吃。

营养价值

羊油中富含油酸、硬脂酸和棕榈酸甘油三酯，其饱和脂肪酸约为57%，比例较高，也因其熔点也较高，同时含有大量的胆固醇，有补虚、润燥、祛风、化毒的作用。

储存方法

羊油想要保存更长时间，可在熬制时，放几十颗花椒进去，熬制后恒温放凉，置于密封容器内。未用完的羊油要用容器装好，密封保存，放进冰箱或者放置在干燥处。

选购方法

选购羊油的时候可以参考以下两点：

一看颜色。质量好的食用羊油在凝固时呈现白色或略带黄色，无霉斑。

二闻气味。好的羊油具有羊油固有的气味，没有酸败或者其他异味。

 小贴士

①羊油是寒冷季节补充热量的好选择，可以用于制作冬季早餐的羊油饼、羊油面等。

②婴儿、幼儿、老人，久病体虚人群，湿热体质、痰湿体质人群不宜食用羊油。其他人也不宜长期或者多吃羊油。

(3) 鸡油

鸡油，是鸡的脂肪炼制而成的油脂。鸡体内的脂肪特别柔软细嫩，因此其油脂很容易溶出。用鸡油炒制各种叶菜可以使其产生肉香，烹饪靓汤加入鸡油也有很好的提味作用，因此鸡油受到很多人的喜爱。

鸡油

营养价值

鸡油中含有蛋白质、脂肪等人体所需营养素，但其缺少钙、铁、胡萝卜素、硫胺素、核黄素、尼克酸以及各种维生素和粗纤维，营养价值并不高，所以鸡油虽然鲜美，但是并不适合长期食用。同时，鸡油中的胆固醇含量很高，长期食用对人体，尤其是对老年人及女性的健康会产生重要影响。

储存方法

鸡油在保存时应该注意保持干燥，放在阴凉的地方；在刚熬制好的鸡油中按照15：1的比例放入白砂糖可以延长鸡油的保存时间。

选购方法

选购鸡油的时候可以参考以下两点：

一看颜色。质量好的鸡油色泽为浅黄色，无沉淀物。

二闻气味。优质鸡油香气浓郁、独特。

 小贴士

①鸡油有增香亮色的作用，可以用鸡油制作香葱手抓饼、煲鲫鱼汤等，鸡油与人参搭配可使营养更佳。

②在用鸡油烹调时要注意火候的把握，不宜温度过高。

③一般人群偶尔食用鸡油其实都是没有问题的，但患有胃炎、肾炎及有胆道疾病的患者应当忌食鸡油，因为鸡油脂肪的消化需要胆汁的参与，蛋白质分子也会对肾脏代谢造成负担，同时鸡油有刺激胃酸分泌的作用，因此肾功能不全、胃酸过多以及胆囊炎等胆道疾病发作者不宜食用鸡油。

（4）牛油

牛油，类似于从猪脂肪组织里提炼猪油，是健康的牛经屠宰后，取其新鲜、洁净和完好的脂肪组织（包括牛板油、内脏脂肪和含有脂肪的组织及器官）炼制而成的油脂，在欧洲国家中，常用作起酥剂。在工业化生产中，工厂利用湿法工艺，经脱胶、脱酸等二十几道工序加工牛油。

牛油

营养价值和功效

牛油中富含胆固醇，是维生素A的丰富来源，也含有其他脂溶性维生素，如维生素E、维生素K和维生素D，微量元素硒含量丰富，具有很强的抗氧化性。牛油中还含有酪酸、共轭亚油酸以及月桂酸，具有防癌，抗细菌和抗霉菌的功效。牛油中的醣化神经磷脂是很特别的脂肪酸，具有抵御肠胃感染的作用。

储存方法

牛油建议保存在阴凉通风处或冰箱冷冻室。炼制牛油时可参考猪油或者鸡油的制法，放入茴香或花椒粒，并在熬好后加进一点白糖或食盐，搅拌后密封，可延长存放时间。

选购方法

选购牛油的时候可以参考以下两点：

一看色泽。好的牛油在凝固时呈现白色，有光泽，细腻，呈软膏状；在融化态时则是微黄白色，澄清透明，并且没有沉淀物。

二闻气味。牛油具有牛油固有的气味和滋味，无异味。

小贴士

①牛油可以使糕点起酥，故可以用于制作西式糕点、面包；也可用于制作中餐中的高汤。

②牛油熔点为40～46℃，因其熔点高于体温，不易被消化，不宜多食，尤其是儿童和老年人。

③铁锅洗净擦干，再涂点牛油抹匀，可防止生锈。

④暂时不穿的皮鞋，擦上点牛油，置阴凉干燥处存放，可使皮鞋光洁柔软。

(5) 鱼油

鱼油是鱼体内的全部脂肪的统称，它包括体油、肝油和脑油，其主要成分是甘油三酯、磷甘油醚、类脂、脂溶性维生素以及蛋白质降解物等。中国居民日常饮食中的EPA（二十五碳五烯酸）和DHA（二十五碳六烯酸）摄入不足，而鱼油是EPA和DHA的主要来源之一，因此鱼油在我国的保健品、食品行业中的应用越来越广泛，老百姓对鱼油也越来越青睐。

鱼油

营养价值

鱼油是高热能物质之一，每克脂肪含热量37.62千焦，是蛋白质和碳水化合物的两倍多。鱼油所含的磷脂是人体的脑、神经组织、骨髓、心、肝、卵和脾中不可缺少的组成部分。

鱼油中富含Ω-3长链多聚不饱和脂酸，其中的EPA和DHA具有独特的营养功能。EPA具有预防冠心病、降血压、消除疲劳、预防动脉粥样硬化和脑血栓、抗癌等生理活性，而DHA能显著促进婴儿的智力发育，改善大脑机能，提高记忆力。鱼油还作为脂溶性维生素A、维生素D和类胡萝卜素等的载体促进维生素以脂溶性的物质被吸收利用。

储存方法

鱼油易氧化，一旦开封就要尽量在最短时间内食用完毕，在保存时应注意尽量密封保存，最好放在不透明包装瓶内，避免阳光直射，这样常温下可以保存2～3年。

选购方法

选购鱼油概括起来要做到五看：

一看含量。一般天然鱼油产品，每1 000毫克含120毫克DHA和180毫克EPA。

二看色泽。较好的鱼油呈淡黄色，色泽清纯，明亮。

三看胶囊。鱼油胶囊颗粒均匀，无杂质。

四看包装。看包装的标志是否清楚，标志为进口产品的是不是原装进口。

五看生产日期。尽量选择生产日期较近的鱼油产品。

小贴士

①在制作菜肴的时候可以会加上一两粒鱼油，以补充EPA和DHA。

②鱼油有抑制血小板凝聚的作用，如果是曾经患心血管方面的疾病，或曾经接受治疗的人食用鱼油，为了自身的健康及更加安全、更有效地利用鱼油，要事先询问医生。

③DHA和EPA含量都较高的鱼油不适宜少年儿童、孕期和哺乳期妇女、有出血倾向者和出血性疾病患者服用。

(6) 奶油

奶油，从广义上的意义上讲，是指从牛奶中提炼出来的油脂。在《GB19646-2010食品安全国家标准稀奶油、奶油和无水奶油》中对稀奶油、奶油（黄油）、无水奶油（无水黄油）分别有明确定义：

稀奶油，英文名为Cream，是指以乳为原料，分离出的含脂肪的部分，添加或不添加其他原料、食品添加剂和营养强化剂，经加工制成的脂肪含量为10.0%～80.0%的产品。

奶油（黄油），英文名为Butter，是指以乳和（或）稀奶油（经发酵或不发酵）为原料，添加或不添加其他原料、食品添加剂和营养强化剂，经加工制成的脂肪含量不小于80.0%的产品。

无水奶油（无水黄油），英文名为Anhyrous milkfat，是指以乳和（或）奶油或稀奶油（经发酵或不发酵）为原料，添加或不添加其他原料、食品添加剂和营养强化剂，经加工制成的脂肪含量不小于99.8%的产品。

营养价值和功效

奶油（黄油）中大约含有80%的脂肪，剩下的是水及其他牛奶成分，拥有天然的浓郁乳香。奶油中含有丰富的维生素A、维生素D、脂肪酸、醣化神经磷脂、胆固醇和硒、碘等矿物质，营养价值较高，而且脂肪颗粒小，易被人体吸收，消化吸收率可达95%以上，较适于缺乏维生素A的人和少年儿童。

奶油（黄油）

储存方法

奶油在保存时最好先用纸将奶油仔细包好，然后放入奶油盒或密封盒中，防止奶油因水分散发而变硬，或沾染冰箱中其他食物的味道。无论何种奶油，放在冰箱中以2～4℃冷藏，都可以保存6～18个月。若是放在冷冻库中，则可以保存得更久，但缺点是奶油使用前要提前拿出来解冻。而无盐奶油极容易腐坏，一旦打开，最好尽早食用。

选购方法

选购奶油是可以参考以下两点：

一是明确奶油名称。购买奶油时要根据自己的需求选择产品。如果是需要裱花奶油，比如生日蛋糕上直接涂抹的那种，那需要买的产品是"稀奶油"，英文名是Cream。而"奶油"产品，通常可以清楚的从外包装上看到英文名是Butter。

裱花奶油

二是学会辨别优质奶油。好的奶油呈淡黄色，具有特殊的芳香，放入口中能溶化，无粗糙感，包装开封口仍保持原形，没有油外溢，表面光滑；如果有变形，且油外溢、表面不平、偏斜和周围凹陷等情况则为劣质奶油。

 小贴士

①奶油在西式料理中十分常见，可以用于涂抹面包和制作糖果、糕点等，可以起到提味、增香的作用，还能让点心变得更加松脆可口。

②奶油有无盐和含盐之分。一般在烘焙中使用的是无盐奶油，如果使用含盐奶油，需要相应减少配方中盐的用量。但不同的含盐奶油产品里的含盐量并不一致，而且，根据奶油用量的多少还有计算上的麻烦，所以不推荐在烘焙中使用含盐奶油。

（二） 生活中的盐

　　食盐是人体钠离子和氯离子的主要来源，成人体内所含钠离子的总量约为60克，其中80%存在于细胞外液，即在血浆和细胞间液中。氯离子也主要存在于细胞外液。食盐中的钠离子和氯离子的生理功能主要有：

　　（1）维持细胞外液的渗透压。食盐在维持渗透压方面起着重要作用，影响着人体内水的动向。

　　（2）参与体内离子平衡的调节。

　　（3）氯离子在体内参与胃酸的生成：胃液呈强酸性，这样强的盐酸在胃里为什么能够不侵蚀胃壁呢？因为胃体腺里有一种黏液细胞，分泌出来的黏液在胃黏膜表面形成一层约1～1.5毫米厚的黏液层，这黏液层常被称为胃黏膜的屏障，在酸的侵袭下，胃黏膜不致被消化酶消化而形成溃疡。但饮酒会削弱胃黏膜的屏障作用，往往增大引起胃溃疡的可能性。

　　此外，食盐在维持神经和肌肉的正常兴奋性上也有作用。当细胞外液大量损失（如流血过多、出汗过多）或食物里缺乏食盐时，体内钠离子的含量减少，钾离子从细胞进入血液，会发生血液变浓、尿少、皮肤变黄等病症。人体对食盐的需要量一般为每人每天3～5克。由于生活习惯和口味不同，实际食盐的摄入量因人因地有较大差别，我国一般人每天约进食食盐10～15克。

　　盐是人们日常生活中不可缺少的，它不仅是保持人体心脏的正常活动、维持正常的渗透压及体内酸碱平衡的必需品，同时也是咸味的载体，是调

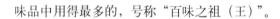

味品中用得最多的，号称"百味之祖（王）"。

1. 碘盐

　　碘盐是指将碘酸钾按一定比例（每千克含碘为35±15毫克）加入食盐中配制而成的。20世纪80年代世界卫生组织为了解决广泛存在的碘缺乏问题，呼吁全球民众食盐加碘。我国在每年的5月15日宣传吃碘盐，以有效防止碘缺乏病，并将这一天定为全国碘缺乏病防治日。

碘盐

营养价值

　　碘是人体的必需微量元素之一，健康成人体内的碘的总量为30毫克左右，其中70%～80%人的碘都存在于甲状腺中，并且能够影响甲状腺的功能，而甲状腺可以控制人体代谢，如果人体内碘含量不足的话会造成人反应迟钝、身体变胖以及活力不足，严重者会导致甲状腺肿病。人体摄入的碘量很少，膳食中的碘大部分在胃肠道中转变为碘化物，几乎被机体完全吸收，在进入血液后分布于全身。20世纪80年代以后人们逐渐发现，在人的碘营养状况还没有达到地方性碘缺乏病流行这样的严重程度的情况下（儿童尿碘含量50～100微克/升，甲状腺肿患病率在5%～20%），儿童的智力发育就已经受到危害，只有补足了碘才能确保婴幼儿的正常脑发育。在这种情况下，我国将地方性碘缺乏病区的标准修订为7～14岁学生中甲状腺肿患病率大于5%。中国学者对于甲状腺肿病早就有相关报道，同时中国也是世界上最早用海草治疗这种疾病的国家之一。20世纪80年代以前，中国大众对于缺碘的危害尚局限于甲状腺肿和克汀病，防治的主要措施是在病区供应加碘食盐或碘油。从1995年起，我国开始实施全民食盐加碘的政策。10年后，经统计，我国7～14岁学生的甲状腺肿大的概率由平均20.4%降低到5%以下，过去隐性缺碘地区新出生儿童的平均智商提高了约11～12个智商点，质量合格的加碘食盐在占人口90%以上的覆盖地区内成功推广，杜绝了克汀病的发生。

储存方法

碘盐中的碘化物是一种很不稳定的化学物质，一经氧化，碘分子就会从碘盐中逸脱。因此，为了防止碘盐中的碘分子氧化，一般都在碘盐中加入了一定比例的稳定剂，以尽量延长碘盐的有效期。但是，由于碘元素本身的化学性质非常活泼，很容易在风吹、日晒、潮湿、受热等外界因素的影响下而挥发。因此，在碘盐的贮存使用中，都要特别小心，以防碘分子在贮存或使用时挥发逸脱。

在防止碘分子的逸脱，保存碘盐时可以参考以下几个方面：

（1）应购买有"碘盐标志"的小包装碘盐，随吃随购，尽量不予贮存。

（2）贮存碘盐最好选用加盖严密的陶瓷制品。若用玻璃器具，最好是用有色可遮光的材质，如果是无色透明的器具，则应注意将其放置在避光的橱柜内。

（3）碘盐应置于干燥、不受潮、不受太阳照和不受高温烘烤的地方储存，使用后应及时加盖，避免风吹挥发。

选购方法

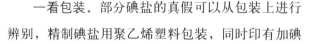

对于碘盐的选购方法可以参考以下四个方面：

一看包装。部分碘盐的真假可以从包装上进行辨别，精制碘盐用聚乙烯塑料包装，同时印有加碘字样，并标明生产单位、出厂日期，字迹清晰，成袋出售，印制精美，封口严密整齐；假冒碘盐则会有字迹模糊，包装粗糙的状况出现。

二看色泽。精制碘盐外观洁白，假冒碘盐外观淡黄，或暗黑色，不够干燥，易受潮。

三捏鼻尝。精制碘盐手抓捏较松散，颗粒均匀，无臭味，咸味纯正；假碘盐手捏成团，易散，口尝有苦涩味，闻之有氨味。

四做显色试验。将碘盐加入氧化剂后再加入淀粉，如显蓝色，则是真碘盐；如蓝色浅或者无蓝色，则是假冒碘盐。

 小贴士

①科学食用碘盐。碘分子怕热，所以碘盐不宜直接在烹调刚开始时使用，炒菜爆锅时放碘盐，碘的食用率仅为10%，炒菜时中间放碘盐，碘的食用率可达60%，出锅时放碘盐，碘的食用率可达90%，所以最好在菜即将做好时再下盐。吃凉拌菜时，碘的食用率为100%，所以冷食和凉拌菜使用碘盐是保碘的最好和最有效的方法。要避免久炖、长时间煮，以免碘受热逸失。避免加醋和酸性物质。碘元素在酸性条件下，极容易遭到破坏，炒菜时加醋或酸性物质，会使碘的食用率降低。因此在食用碘盐时，最好少放醋或不放醋。

②碘盐不宜淘洗，因水洗的碘分子会和氢结合，或被氧化，使碘盐成
为无碘盐。

③牛奶加点碘盐粉，可以保持数日不腐。

④鲜花枝插在碘盐水里，可多日不枯。

⑤用包香烟的锡纸沾碘盐擦铜器，可除铜器上的污垢。

⑥煮面条往里加点碘盐，煮出的面条不容易糟烂，有韧性。

2. 粗盐

　　粗盐为海水或盐井、盐池、盐泉中的盐水经煎晒而成的结晶，即天然盐，是未经加工的大粒盐，形态系颗粒状，形态大，主要成分仍为氯化钠，还含有酸性盐类化合物如硫酸镁与氧化镁等，这些酸性盐分子水解后，会刺激味觉神经，因而会感到粗盐比细盐的咸味大。

粗盐

营养价值

粗盐中除氯化钠以外，还含有水、氯化镁、硫酸镁、氯化钾、硫酸钙、碘等，这些化合物均对人体有益。粗盐中的氯化镁再受热时，会分解出盐酸气，盐酸气能帮助食品中蛋白质水解成味鲜的氨基酸，刺激嗅觉神经后，会使人感到粗盐比细盐的香味浓。粗盐还有发汗的作用，它可以排出体内的废物和多余的水分，促进皮肤的新陈代谢，还可以软化污垢、补充盐分和矿物质。

由于我国居民食谱的变化和碘盐的成功推广，老百姓的缺碘现象已得到了根本好转。而近年来临床中出现越来越多的甲状腺机能亢进等甲状腺疾病的病人，对于已患有甲亢或有家族遗传史的人群来说，粗盐不含碘，既能满足人体对盐分的需求，又有助于控制碘的摄入。

储存方法

粗盐中含有氯化镁等杂质，在空气中较易潮解，因此存放时应注意控制环境湿度。建议将粗盐放在密封性好的罐子里，同时放些大米进去，让大米分布在盐中，可以起到吸收气体中水分的作用，可以有效防止粗盐的结晶体表面液化。

选购方法

选购粗盐的时候可以参考以下三点：

一看粒度。呈大颗粒状，一颗颗像冰糖一样的结晶体的粗盐是好盐。

二看白度。从外观来看，粗盐整体上呈白色，略黄。

三看成分。观察食品标签上标明的氯化钠含量，钙、镁离子含量等。

小贴士

①粗盐撒在食物上可以使其短期保鲜，可以用其腌制食物，还能延缓食物变质。

②粗盐易吸水，如果遇到潮湿气候可以放在塑料袋子里，海盐潮湿可在太阳下晒干。

③粗盐用来清洗创伤可以防止感染。

④鲜鱼、鸡鸭的内脏先用粗盐搓后，再用水洗净，能除泥腥和臭味。

⑤清洗青菜时，可在清水里撒一些粗盐，可以有效去除蔬菜里的虫子。

⑥炸食物时，在油里放点粗盐，可以防止油外溅。

⑦吃地瓜，很多人会出现肚胀、烧心等现象，蒸煮地瓜前加少量粗盐和明矾就可缓解。

⑧因受凉而引起肚子痛时，可买250克粗盐，在铁锅内将其炒热，并把热盐装在一个布袋里，用布袋来搓腹部，腹部的不适感就会很快消除。

⑨新买的碗碟，先在粗盐兑的水中煮一下，可以使碗碟不易破裂。

⑩粗盐可提神醒目。疲劳会使人双目无神、脑筋迟钝，显得憔悴。用粗食盐150克，干菊花50克，生姜150克，捣碎，放锅内炒热，待温热时用布袋包好，敷于面部和捆绑于后颈部，有提神美目的功效。

3. 精制盐

精制盐是加工盐的一种，是通过原盐化卤、卤水净化、蒸发、胶水、干燥等工艺流程真空制成，清除了原盐中含有的泥沙杂质。同时，由于整个加工工艺流程实行管道生产，产品直接装袋密封，减少了生产、包装、运输、销售诸环节中的污染。

加盐水后蒸的馒头

营养价值

精制盐是各类添加盐、营养强化盐的基础盐，精制盐的纯度很高，氯化钠含量达99.6%，色泽更白，味道更咸，卫生而且干燥。精制盐可以满足人体对盐分的维持细胞外液渗透压、调节离子平衡等基本功能的需求，各类人群均可食用。

储存方法

精制盐最好存放在有盖子的棕色或深色容器里，保持储存环境干燥、阴凉，利于保管。

选购方法

在选购精制盐的时候可以参考以下四个方面：

一是颜色鉴别。感官鉴别精盐的颜色时，应将样品在白纸上撒一薄层，仔细观察其颜色。良质精盐颜色洁白，次质精盐呈灰白色或淡黄色，劣质精盐呈暗灰色或黄褐色。

二是外形鉴别。优质食盐结晶整齐一致，坚硬光滑，呈透明或半透明，

不结块，无反卤吸潮现象，无杂质；品质稍次的食盐晶粒大小不均，光泽暗淡，有易碎的结块；劣质食盐有结块和反卤吸潮现象，有外来杂质。

三是气味鉴别。感官鉴别精盐的气味时，应取样20克于研钵中研碎后，立即嗅其气味。优质食盐无气味；品质稍次的食盐无气味或夹杂轻微的异味；劣质食盐有异臭或其他外来异味。

四是滋味鉴别。感官鉴别食盐的滋味时，可取少量样品溶于15～20℃蒸馏水中制成5%的盐溶液，用玻璃棒蘸取少许尝试。优质食盐具有纯正的咸味；品质稍次的食盐有轻微的苦味；劣质食盐有苦味、涩味或其他异味。

精盐使用小妙招
扫一扫，了解更多吃的科学

 小贴士

①精制食盐十分细腻，不仅易于称量，也易于与食物混合，所以烹调中如果需要对盐分有确切要求，不妨选择精制盐。

②用精盐涂抹鱼身，再用水冲洗可除黏液。煮鱼时，先撒点盐在鱼身上，可防煮鱼时肉散碎。

③发面时，若放一点精制盐水调和，可缩短发酵时间，并能增加面的筋力和弹性，味道更好。在制做面条或饺子皮时，在和面的水中加入占面粉量2%～3%的精制盐，不仅可使面皮弹性增强、黏度增大，而且好吃。

④凡苦瓜、萝卜等带有苦味和涩味的蔬菜，切好后加精制盐渍一下，滤去汁水烹炒，可减少苦涩味。

⑤藕切好放入精制盐水中腌一下，再用清水冲洗，这样，炒出来的藕不会变色。

⑥用糖凉拌西红柿，放少许精制盐会更甜，因为盐能改变西红柿的酸。

⑦精制盐控油。对于分泌油脂旺盛的面部T字部位，即使到了秋天，很多油性皮肤的"产油量"还是很旺盛的。对于局部区域，可以用精盐抹在事先润湿的皮肤上，轻轻按摩后休息3分钟，然后在鼻翼两侧毛孔张开的部位用中指指腹由下向上做挤压式按摩。

⑧精制盐治粉刺。精盐1茶匙、白醋半茶匙、开水半杯，溶好后用棉花蘸之洗面，每天1次；食盐1茶匙，蛋清两个，冰片100克，混合后用毛笔涂于面部，5分钟后用温水洗去，每晚1次，治愈效果较好。

4. 井盐

井盐，是指通过凿井，取出地下的天然卤水提炼而成的盐。生产井盐的竖井叫盐井，我国井盐多产于中西部，自贡产盐尤为著名。自贡的"贡井县"就是因盐质好而出名。井盐的品质与口感相比海盐要好。首先井盐原料均采自千米深井以下侏罗纪地质年代的天然卤水，因此杂质较少，相对于海盐更纯净；其次，井盐是通过全密封真空工艺精炼而成，几乎不破坏其原有物质，是纯天然的，成盐在色泽和形状上具有优势。

营养价值

井盐主要成分有氯化钠、碳酸氢钙、碳酸钙、氯化镁、氯化钙、碳酸钠和亚硝酸钠，成分相对比较复杂，并且富含各类天然矿物元素，有助于人体矿物元素的补充。

储存方法

买回来的井盐应该放入有盖的瓶、罐内，放在阴凉干燥的地方，而且注意一次不要买太多量。

选购方法

井盐主要产地在四川、湖北、云南、重庆、江西等省市，因此选购井盐时要注意其产地。井盐在色泽和形状上均优于海盐，其质量好坏的鉴别方法可以参考精制盐。

 小贴士

①点蜡烛时，在灯芯周围放上井盐，可使烛油不往下滴。

②在煤油里加点井盐粉，点燃后既省油又少煤烟。

③夏天出汗多，如在饮水中加入少量井盐，不仅可以解渴，补充体内盐分的不足，而且能防止中暑。

井盐文化

古代制盐工艺中，井盐的生产工艺最为复杂，也最能体现中国古人的聪明才智。

井盐的生产工艺

　　井盐的生产工艺经历过一个不断发展的过程。早在战国末年，秦蜀郡太守李冰（生卒年不详）就已在成都平原开凿盐井，汲卤煎盐。当时的盐井口径较大，井壁易崩塌，且无任何保护措施，加之深度较浅，只能汲取浅层盐卤。北宋中期后，川南地区出现了卓筒井。卓筒井是一种小口深井，凿井时，使用"一字形"钻头，采用冲击方式舂碎岩石，注水或利用地下水，以竹筒将岩屑和水汲出。卓筒井的井径仅碗口大小，井壁不易崩塌。古人还将大楠竹去节，首尾套接，外缠麻绳，涂以油灰，下至井内作为套管，防止井壁塌陷和淡水浸入。取卤时，以细竹作汲卤筒，插入套管内，筒底以熟皮作启闭阀门，一筒可汲卤数斗，井上竖大木架，用辘轳、车盘提取卤水。

　　卓筒井的出现，标志着中国古代深井钻凿工艺的成熟。此后，盐井深度不断增加。清道光十五年（公元1835年），四川自贡盐区钻出了当时世界上第一口超千米的深井——燊（shēn）海井。

　　炼制井盐的卤水分黑卤和黄卤两种，顾名思义，黑卤是一种黑色的溶液，黄卤则呈褐色，黑卤中含有大量的硫酸根离子，这种物质对人体有害，而黄卤则含大量的钡离子，有毒且味道发苦。经过实践摸索，聪明的古代劳动人民发现，按一定比例混合这两种卤液，不仅可以消除毒性，还能制出色泽白，味道也好的盐。可谓一箭双雕。其实，从化学角度很容易理解：钡离子和硫酸根离子相遇后产生了硫酸钡沉淀，将这种沉淀物过滤掉即可。古时，人们为了缩短煮盐时间，提高效率，会往熬制的盐卤中加入渣盐，称为"母子渣"，即已结晶的成盐。随着现代技术的发展，这种古老的井盐生产方式渐渐淡出了历史，取而代之的是电动取卤、真空制卤。

5. 竹盐

　　竹盐，是将日晒盐装入三年生的青竹中，两端以天然黄土封口，以松树为燃料，经1 000~1 500℃高温煅烧后提炼出来的物质，竹盐在经过高温烘烤后有机物会消失而只剩下无机物，所以竹盐其实是另一种形式的"粗盐"。中国古代中原的盐的来源主要是井盐和海盐，由于工艺的限制，井盐有卤味，海盐有腥味，富贵人家因竹盐无异味，所以对其颇为青睐。

竹盐

营养价值

　　竹盐的主要组成成分为氯化钠，还含有微量钙、钾、铜、铁、锌等以及其他微量元素，竹盐中锰、钙、锌、铁、硫等矿物质含量比纯食盐或者粗盐要高。竹盐可以辅助补充人体的矿物质元素。

储存方法

　　竹盐应当密封、避光、防潮保存。

选购方法

在选购竹盐时可以参考以下三个方面：

一看颜色。由竹盐制作过程不难推出，大部分的竹盐产品都应是青竹色的。

二闻气味。质量好的竹盐应具备一股似茶叶的清香。

三观察性状。竹盐产品里一般会有白色的小点（竹盐粒团），白色的点越细就说明产品的溶解能力更强，也更容易吸收。

 小贴士

①竹盐可以用于稳固牙齿，预防口腔疾病，促进整个口腔的健康和卫生。古代人就有用竹盐来刷牙的习俗，在《红楼梦》中曾记载贾宝玉每天清晨就有用盐擦牙的习惯。在我国南北朝梁代陶弘景的《名医别录》中，就记载了食盐具有清火、凉血、解毒的作用。随着朝代更替和现代工艺的进步，竹盐牙膏产品更是层出不穷。我国现代中医学认为竹盐可以保健口腔，除了可以借鉴古人的做法，用湿牙刷蘸些竹盐刷牙外，每天早晚饭后用温的淡竹盐水漱口，不但能防止龋齿的发生，而且对口腔炎症疾病的治愈有一定的积极作用。牙齿疼痛或者牙龈出血的时候，直接将竹盐撒在疼痛处和出血处，可以帮助消炎止痛。喝点淡竹盐水，可以缓解喉咙痛。

②竹盐也可用于清理皮肤。洗脸后，把一小勺竹盐放在手掌心加水3～5滴，再用手指仔细将盐和水搅拌均匀，然后沾着盐水从额部自上而下地搽抹，边搽边做环开按摩。几分钟后，待脸上的盐水干透呈白粉状时，用温水将脸洗净，涂上保湿乳液或继续正常的护肤步骤。持续进行，每天早晚洗脸后各1次。这样有很好的清洁和去污效果，毛孔中积聚的油脂、粉刺、甚至是"黑头"都可以去掉。不过按摩时应该避开眼部周围的皮肤，如果皮肤敏感需要谨慎些。注意千万不要把盐水弄到眼睛里，以免造成眼结膜损伤。

③洗容易褪色的衣服，加点竹盐，能防止褪色。

④野外烧烤时，在木炭上撒些竹盐水，干燥后燃烧可耐久。

⑤用淡竹盐水浇花，花不易枯萎。

⑥沾上咖啡的衣服可以用竹盐清洗。

⑦感冒、肚子痛，喝点淡竹盐水能缓解不适。

⑧在晚上用竹盐水洗涤鼻腔后，将葱白捣烂绞汁，以棉球蘸汁塞入鼻内，治急慢性鼻炎。

⑨每次洗头时，在温水中加些竹盐，用竹盐水来洗头，不仅洗得干净，而且可以防止掉头发，头发松软光亮。

竹盐文化

据说，竹盐制法是1 300年以前，由韩国古代寺庙僧人以民间疗法的形式传下来的。1988年开岩通商，有人从全罗北道阜安的开岩寺方丈那里接受千年秘方，建立工厂，才传入民间，也正因如此，竹盐在韩国备受推崇，韩国商人大力推动竹盐产品商业化，使竹盐产品更为广泛地流传。

紫竹盐制取

古法制取竹盐极其考究。古时的僧侣把含丰富矿物的天然日晒盐装在精心选择的竹筒中，用天然黄土封上，再用特定的松枝烘烤，最后得到的固体粉末就是竹盐。这个过程往往要反复进行，好的竹盐会如此进行9次才能最终制出。其中制盐用的竹筒选用的竹子也有特殊要求，得是生长3年或5年的竹子，并且必须选用生长在西海岸的竹子，筒直径为7厘米，如果直径超过7厘米，竹子中的水分很难溶入盐里，品质就得不到保障。竹子选好后截成段，把日晒盐灌进竹筒里。所用的日晒盐必须是西海岸的天然盐。煅烧竹筒所用燃料是松木，且松木里的某些成分在竹盐煅烧的过程中起一定的作用，影响着其品质，这是其他燃料所不能替代的。另外，为保证其品质，用来煅烧的窑也必须是用黄土制成的。

之后开始煅烧，大概10小时后竹子烧尽，能得到第一次煅烧的竹盐。经过煅烧，竹子的水分已经渗透进了盐分里。此时的竹盐成了盐棒形状，通常呈现灰白色。然后把第一次煅烧的竹盐粉碎，再放进竹子里烧。这样的过程反复8次，到第9次烤制时往火中撒进松脂将温度调到最高限度时（1 350～1 500℃），盐将变成液体状，煅烧制盐之后才可以得到呈现紫色光芒的精品竹盐——紫竹盐。

 小贴士

　　每种盐除了他们各自的作用之外，所有的盐在生活中还有一些通用的应用方法：

①早晨一杯温盐水清肠排毒。清晨起床后，空腹饮用一杯温的淡盐水不但可以清洗肠胃中剩余的食物残渣，消毒杀菌，防止便秘，还可以提高自身免疫功能、降低血液的黏稠度。

②去除臭味。有口臭的人，早晚饮淡盐水一杯，中午用淡盐水漱口，可有特效；有腋臭的人，可用淡盐水洗腋下，方法是，盐150克，菊花100克，浸泡在浴水中，每周浸浴2次；易出脚汗且异味较大者，常用盐水洗双脚也可除臭。

③清洗瓜果。新鲜水果削成后若不马上吃，可浸泡在淡盐凉开水中，既防氧化变色，又能除去残存农药、寄生虫卵，有一定的杀菌作用，还可使水果清脆香甜；瓜果生吃时用盐水洗一洗，不仅去污彻底，而且可消毒杀菌；把鲜桃放入盐水里浸泡1分钟后，用手轻轻一搓，桃毛便很快脱落；将菠萝削皮后切成片，放入淡盐水中浸泡后再食用，不仅可以减少或避免食入易使人"过敏"的菠萝蛋白酶，而且可以去掉菠萝的苦涩味，使其更香甜可口；蘑菇或黑木耳先放入淡盐水中略加浸泡，再用清水洗净，泥沙易洗掉。

④焯绿颜色蔬菜的时候，水中放点粗盐，锅盖别盖，焯好后迅速过凉，能保持蔬菜碧绿的颜色。

⑤将核桃放在盐水中浸泡数小时后，核桃仁易剔出。

⑥把菜刀、剃刀等浸泡在淡盐水里10分钟后再磨，既省力又易锋利。

⑦鲜姜洗净埋入盐内，可保持新鲜。

⑧烹制豆腐干之前可以将其用盐水漂浸，既可以去除豆腐干的豆腥味，又使豆制品色白。白嫩的豆腐先在淡盐水中浸泡半小时，烹调时不易破碎。

⑨宰杀家禽时，让禽血流进装有少量盐的水里，能使禽血加快凝固，用这种凝血煮汤不易碎裂。清洗猪肚、猪肠及鸡肫、鸭肫等时，加适量盐和碱，反复揉搓，不仅能将其清洗干净，而且可除去异味。蒸隔日的剩饭，水中加少量盐水，可除掉异味。

⑩把活鱼放入浓度为10%的盐水中养1～2天可除泥腥味；死鱼洗净后，用盐腌1～2小时，也可去除泥腥味。以上两种方法均可增加鱼肉的鲜味。从冰箱冷冻室里取出的冻鱼、冻鸡、冻肉，放在盐水中解冻，不仅快，而且可保持鲜嫩。

⑪煮鸡蛋时放点盐和醋，蛋壳不易破碎，壳破了的蛋，放在盐水里煮，能防止蛋白流出。打蛋时，在蛋清中加一点盐，便可快速调匀。

⑫用浓盐水喷洒木炭，木炭燃烧时热量增大、烟气少，可以节约1/3的木炭。

⑬新买的泡沫塑料鞋，放盐水中浸泡半日再穿，不易裂断。

⑭如果被开水烫伤，可用淡盐水擦洗创面，以减轻疼痛。如果不小心划破皮肤，伤口又不太大，用凉开水加一点盐，用盐水来清洗伤口，然后撒一些消炎粉，并用纱布包好。这样处理，可使伤口不发炎感染，并能快速愈合，而且愈后不留疤痕。

⑮盐可用于祛除背部长青春痘的"顽疾"。入浴后让身体充分温热，待毛孔张开后多抹些盐在后背，各处都要抹到。用浴刷按摩1分钟，不要太用力，只要让皮肤及刷子间的盐分移动即可，然后用海绵蘸上淡盐水，贴在背上10分钟，最后用清水洗干净。

⑯用搪瓷杯泡茶，时间长了杯里会有一层深色茶锈，茶锈不宜用水洗掉，但用湿布蘸些盐就会擦掉。用掺点盐的柠檬汁来洗刷金属器具，可以复光。

用盐去除茶锈

6. 特种食盐

(1) 低钠盐

低钠盐是以碘盐为原料，但氯化钠含量降低到65%以下，再添加了一定量的氯化钾和硫酸镁制成的盐。世界各国生产的低钠盐品种较多，中国生产的低钠盐含氯化钠65%，氯化钾25%，硫酸镁10%，而美国的低钠盐含氯化钠50%，氯化钾50%。

营养价值

我们平时吃的普通碘盐其主要成分氯化钠的含量高达95%以上，钠离子能增强人体血管

低钠盐

表面张力，长期定量食用可造成人体血流加快、血压升高，与此同时钠含量高，钾含量低，易引起膳食钠、钾的不平衡。根据人体需要，适当降低食盐中的钠含量，增加钾、镁含量的新型食盐，既保证了口味，又减少钠离子的摄入。

低钠盐的钠、钾比例合理，可调整体内钠、钾、镁三种离子的平衡，对防治高血压和心血管病具有一定的疗效，适于高血压和心血管疾病患者食用。近年来，世界卫生组织提倡食用低钠盐（肾功能有问题的人除外）。

储存方法

置于干燥阴凉处储存即可。

选购方法

一般低钠盐含有60%～70%的氯化钠，同时还有20%～30%的氯化钾和8%～12%的硫酸镁，因此选购低钠盐时要注意产品的标签信息。

 小贴士

　　低钠盐有利于预防高血压，另外，其中的钾离子对预防高血压也起到积极作用，因此对于高血压患者或者要预防高血压的人，建议选择高钾低钠盐，同时摄入的量亦应控制好。但是由于低钠盐是以钾来代替钠，所以不是所有人都适合食用，特别是肾脏功能有问题的人，排泄钾的能力受损，要特别注意其摄取量。而且血液中含钾过高，易引起心律不齐，会有生命危险。因此患有肾脏病，尤其是肾衰竭的病人选择食用盐需相当谨慎。

（2）硒盐

硒盐即营养强化硒盐，是在碘盐的基础上添加了一定量的亚硒酸钠制成的，中国生产的营养强化硒盐，含亚硒酸钠为15/1 000 000。

营养价值

硒是人体必需的微量元素，它具有抗氧化、延缓细胞老化、保护心血管健康及提高人体免疫力等重要功能，同时硒还是体内有害重金属的解毒剂，号称人体微量元素中的"抗癌之王"。动物的肝、肾以及海产品都是硒的良好来源，而植物食品的硒含量受产地、水土中硒含量的影响，差异很大。加入一定比例的硒化物的食盐，对防止克山病、大骨节病有一定疗效。

硒盐

储存方法

室温条件下的硒不易分解和挥发，在储存时应注意保持硒盐处于干燥的环境。

选购方法

消费者在选购硒盐时要注意结合自己的实际情况，在硒含量较低的地区比较适合选用硒营养盐，而湖北恩施等一些地区本身环境中的硒含量就特别高，就不宜选用硒盐了。

 小贴士

①营养强化硒盐适用于中老年人、心血管疾病患者以及饭量小的人。
②虽然硒盐对人体有诸多好处，但硒补充过量可能会有产生不良反应的危险，所以食用硒营养盐时要注意两点：一是不宜同时服用其他含硒的营养品；二是要限制硒营养盐的食用量，以一天不超过6克为宜。

（3）锌盐

锌盐即营养强化锌盐，是以碘盐为原料，再
按照国家标准添加了一定量的硫酸锌或葡萄糖酸
锌制成的盐。

锌盐

营养价值

锌作为一种人体必需的微量元素，对生长发
育、细胞再生、维持正常的味觉和食欲起重要的作
用，还能促进性器官的正常发育、增进皮肤健康、
增强免疫功能。营养强化锌盐有利于儿童健脑、提
高记忆力以及身体的发育，对预防多种因缺锌引起的疾病有很好的效果，可
以辅助治疗儿童因缺锌引起的发育迟缓、身材矮小、智力降低及老年人食欲
不振、衰老加快等症状。

储存方法

置于干燥阴凉处储存即可。

选购方法

消费者在购买锌盐时要注意结合选购需求，注意确认产品的标签信息，
青少年和儿童缺锌或自身属于易缺锌人群时可适当购买锌盐。

 小贴士

　　锌主要存在于动物的肉和内脏中，坚果和大豆等食品中锌的含量
也较丰富，而蔬菜、水果和精白米面中含量较低。一般提倡摄入平衡
的膳食，依靠天然食物来补充锌。但是，身体迅速生长的儿童、妊娠
期的妇女、进食量少的老年人、素食者容易出现锌缺乏的现象，食用
营养强化锌盐有益于这些人群的健康。

（4）铁盐

铁盐即营养强化铁盐，也被称为补血盐，通常是由食盐中加入适量硫酸亚铁等铁强化剂而制得，是铁元素含量达到0.8%左右的食盐，通常营养强化铁盐的主要成分是铁含量为600~1 000毫克/千克，含碘量不小于40毫克/千克。

铁盐

营养价值

缺铁性贫血与碘缺乏病、维生素A缺乏并列为世界卫生组织、联合国儿童基金会等国际组织重点防治、限期消除的三大微营养素营养不良的疾病。我国缺铁性贫血发病率很高，营养强化铁盐含有一定量的含铁化合物，可用于预防人体因缺铁而造成的缺铁性贫血，提高儿童的学习注意力、记忆力以及人体的免疫力。

储存方法

置于干燥阴凉处储存即可。

选购方法

消费者在购买铁盐时要注意结合选购需求，注意确认产品的标签信息，铁缺乏人群可适当购买铁盐。

 小贴士

营养强化铁盐能满足婴幼儿、少年、妇女、老年人对铁的需要，尤其推荐给缺铁性贫血病人食用。

(5) 钙盐

钙盐即营养强化钙盐，是在普通碘盐的基础上按比例加入钙的化合物制成的食盐，营养强化钙盐的主要成分含量是：钙6 000～10 000毫克/千克，含碘量不小于40毫克/千克。

营养强化钙盐

营养价值

钙是人体内最丰富的矿物质，从骨骼形成、肌肉收缩、心脏跳动、神经以及大脑的思维活动、直至人体的生长发育、消除疲劳、健脑益智和延缓衰老等，可以说生命的一切运动都离不开钙。正常的情况下成人体内含钙约为1 200克，其中约99%存在于骨骼和牙齿中，用于维持骨和牙齿坚硬的结构和支架。每天摄入钙量足够，才能维持人体正常的新陈代谢，增强人体对生活环境的适应力。1992年，我国第三次全国营养普查结果表明，人们饮食普遍缺钙一半左右，儿童、孕妇、老年人缺钙更为严重。营养强化钙盐可以预防骨质疏松、动脉硬化，调节其他矿物质的平衡以及酶活化等。

储存方法

置于干燥阴凉处储存即可。

选购方法

消费者在购买钙盐时要注意确认产品的标签信息，尽量选择大品牌的钙盐产品。

小贴士

营养强化钙盐适用于各种需要补钙的人群，食用营养强化钙盐时可以多晒太阳，增加体内维生素D的储存，有助于钙在肠道中的吸收。

（6）维生素B_2食盐

强化维生素B_2食盐，又称核黄素盐，是指在精制盐中加入一定量的维生素B_2（核黄素）制得的食盐，色泽橘黄，味道与普通盐相同。

营养价值

维生素B_2呈橘黄色，易溶于水，主要存在于动物性食品中，能够促进人体生长发育，对人体能量代谢过程有着重要的意义。维生素B_2进入人体后如果有多余的量，会从尿液中排出，不存在摄食过量而中毒的问题。经常食用营养强化维生素B_2食盐可防治维生素B_2缺乏症。

储存方法

维生素B_2在碱性环境下加热容易被破坏，因此在储存时除了保持环境干燥阴凉外，还要注意尽量远离碱性物质。

选购方法

消费者可按照自身需求购买维生素B_2食盐，尽量选择大品牌的维生素B_2食盐产品。

小贴士

人如果经常吃素，有可能缺乏维生素B_2，经常患口腔溃疡的人，体内也可能缺乏维生素B_2，因此素食者、口腔溃疡患者以及患有维生素B_2缺乏症的人不妨吃一些营养强化维生素B_2盐。

(7) 防龋盐

防龋盐，是指在食盐中加入氟化钠等氟化合物，使氟元素含量达到100~250毫克/立方米的食盐。

营养价值

氟是人体内重要的微量元素之一，氟化物与人体生命活动及牙齿、骨骼组织代谢密切相关。氟是牙齿及骨骼不可缺少的成分，少量氟可以促进牙齿珐琅质对细菌酸性腐蚀的抵抗力，防止龋齿。

储存方法

置于干燥阴凉处储存即可。

选购方法

消费者购买防龋盐时要注意结合所处地区情况和自身需求，防龋盐适用于低氟地区。

 小贴士

　　防龋盐适用于儿童和青少年食用，但在食用防龋盐时要注意控制摄入的量，以不超过6克为宜。

(8) 其他盐类

①风味盐。在精盐中加入芝麻、辣椒、五香面、虾米粉、花椒面等，可制成风味独特的五香辣味盐、麻辣盐、芝麻盐、虾味盐等，以增加食欲。

②自然晶盐。自然晶盐以海盐为原料制成，保持了海洋中与人体最接近的组成成分，特别是保持了无机盐类和富含钾、钠、镁、碘等海洋生命元素，颗粒呈晶体状，更适合于沿海地区人群食用。

芝麻盐

白然晶盐

③雪花盐。雪花盐是海盐的一种,以海水为原料,对海盐进行深度加工而成,生产工艺先进,技术含量很高。雪花盐取自原盐化成卤水,再经过36道过滤,高温蒸发,结晶而成。雪花盐的结晶是在水面上生成的,产量非常低,个体状似雪花,色泽白中透亮。因为雪花盐集取了海水中多种人体所必需的微量元素,因此,与其他添加型矿物质盐相比,具有天然、纯净等特点。

雪花盐

（三） 生活中的酱

酱中含有丰富的营养物质，其中含氮物质有蛋白质和各种肽。氨基酸有酪氨酸、胱氨酸、丙氨酸、亮氨酸、脯氨酸，天冬氨酸、赖氨酸、精氨酸、组氨酸、谷氨酸等；此外，还有腐胺、尸胺、腺嘌呤、胆碱、甜菜碱、酪醇、酪胺和氨。糖类以糊精、葡萄糖为主，也含少量戊糖、戊聚糖。

酱中所含酸类，其挥发者有甲酸、乙酸、丙酸等；不挥发者有乳酸、琥珀酸、曲酸等。其他有机物有乙醇、甘油、维生素、有机色素等；无机物除多量的水、食盐外，尚有随原料带入的硫酸盐、磷酸盐、钙、镁、钾、铁等。

生活中常见的基础酱料有黄酱、酱油、甜面酱、芝麻酱、肉酱、鱼酱、果酱等。

1. 黄酱

黄酱又称大豆酱、豆酱，用黄豆炒熟磨碎后发酵而制成，呈黏稠状态的调味品，是我国传统的调味酱。黄酱有浓郁的酱香和酯香，咸甜适口，可用于烹制各种菜肴，也是制作炸酱面的配料之一。

营养价值

黄酱的主要成分有蛋白质、脂肪、维生素、钙、磷、铁等矿物质，这些都是人体不可缺少的营养成分。此外，黄酱中还有亚油酸和亚麻酸等营养元素。

黄酱富含优质蛋白质，烹饪时不仅能增加菜品的营养价值，还可使菜品呈现出更加鲜美的滋味，有开胃助食的功效；黄酱中含有的亚油酸，亚麻酸，对人体补充必须脂肪酸和降低胆固醇均有益处，从而降低患心血管疾病的概率。黄酱中的脂肪还富含不饱和脂肪酸和大豆磷脂，有保持血管弹性、健脑和防止脂肪肝形成的作用。

储存方法

黄酱应用塑料袋或瓶装，置于通风阴凉处。

选购方法

如何选购黄酱
扫一扫，了解更多吃的科学

消费者在选购黄酱时要注意以下三点：

一是明确黄酱用途。由于黄酱的加工工艺不同，黄酱有干稀之分，所以，在选购黄酱时，首先要明确用途，不同用途选择的黄酱大有讲究，如果想要做京酱肉丝、酱爆鸡丁等佳肴，可以选择湿黄酱（也称为稀黄酱）；如果想做一盘地道的老北京炸酱面，最好选择干黄酱。干黄酱和湿黄酱的区别在于，干黄酱是半固体，质地干，加水后食用，更易于运输和存储；湿黄酱呈液体状，浓稠适中，有流动性，食用起来更方便。当然，如果不嫌麻烦，也可以将干黄酱加水调稀作为稀黄酱使用，但是口感上与湿黄酱稍有差异。

二是注意黄酱的颜色和气味。好的黄酱，颜色呈红褐色或者是棕褐色，鲜艳并且有光泽。优质黄酱咸甜适口，酱香味道醇厚，没有任何杂质，这样的酱都是好酱，可以放心购买。

三是注意产品标签信息。很多人认为，发酵制品没有保质期，这种想法是错误的。作为酱中极品，黄酱也是有保质期的，消费者在选购时还是要认真查阅生产日期及标识，谨防买到过期食品。

小贴士

严重肝病、肾病、痛风、消化性溃疡、缺碘者最好不食或少食黄酱。

2. 酱油

酱油是中国传统的调味品，是用豆、麦、麸皮酿造的液体调味品，色泽红褐色，有独特酱香，滋味鲜美，有助于促进食欲。

酱油是由酱演变而来，早在3 000多年前，中国周朝就有制作酱的记载了。中国古代劳动人民发明酱油的酿造方法是非常偶然的。酱油原是中国古代皇帝御用的调味品，最早是由鲜肉腌制而成，与现今的鱼露制造过程相近，因为风味绝佳渐渐流传到民间，后来发现大豆制成风味相似且便宜，才广为流传食用。这种制酱方法在早期随着佛教僧侣的游历，逐渐传播至世界各地，如日本、韩国、东南亚一带。中国酱油的制造在古时往往代表着一种家事艺术与秘密，其酿造多由某个师傅把持，具体技术也往往是由子孙代代相传或由一派的师傅传授下去，形成某一方式的独特酿造法。

营养价值

酱油以鲜美的口味、浓郁的香气、鲜亮柔和的颜色、黏稠醇厚的形态而形成独有的特色，素有"五味调和"的美誉，营养极其丰富，其主要营养成分包括氨基酸、可溶性蛋白质、糖类、酸类等。

酱油中有18种氨基酸，其中有8种人体必需氨基酸。氨基酸是构成蛋白质的主要原料；蛋白质是构成生物体细胞组织的重要成分，是生物体发育及修补组织的原料，人体内的酸碱平衡、水平衡、遗传信息的传递、物质的代谢及转运都与蛋白质有关。

还原糖是人体热能的重要来源，人体活动的热能60%～70%由它供给，是构成机体的一种重要物质，参与细胞的许多生命过程。一些糖与蛋白质能合成糖蛋白，与脂肪形成糖脂，这些都是具有重要生理功能的物质。

酸类包括乳酸、醋酸、琥珀酸、柠檬酸等多种有机酸，对增加酱油风味有着一定的影响，此类有机酸具有成碱作用，可消除机体中过剩的酸，降低尿的酸度，减少尿酸在膀胱中形成结石的可能，但过高的酸类会使酱油酸味突出、质量降低。

每100毫升酱油中一般含有食盐18克，它赋予酱油咸味，可以补充体内所需的盐分。酱油中还含有钙、铁等微量元素，有效地维持了机体的生理平衡。

储存方法

①瓶装酱油。瓶装酱油使用后，要将酱油瓶口清理干净后盖好瓶盖，放置阴凉处，避免阳光直射。

②大容量装酱油。可从大容量装酱油中倒出一部分用小瓶装好，剩余的酱油储存好。在储存大容量酱油时，要先将瓶口清理干净，然后用保鲜膜封住瓶口，并盖好瓶盖。最后用纸盒将酱油装好，放置在常温环境下即可。储存时，也可以倒一点香油，可以让酱油保持新鲜。

选购方法

在市场上购买酱油前，首先要验明正身，特别要注意生产日期和保质期，然后从以下四个方面进行选择：

一看标签。从酱油的配料表中可以看出其原料是大豆还是脱脂大豆，是小麦还是麸皮。看清标签上标注的是酿造还是配制酱油。如果是酿造酱油应看清标注的是采用传统工艺酿造的高盐稀态酱油，还是采用低盐固态发酵的速酿酱油。

二看用途。酱油上应标注供佐餐用或供烹调用，两者的卫生指标是不同的，所含菌落指数也不同。供佐餐用的可直接入口，卫生指标较好，如果是供烹调用的则不宜直接用于拌凉菜。

三闻香气。传统工艺生产的酱油有一种独有的酯香气，香气丰富纯正。如果闻到的味道呈酸臭味、煳味或其他异味都是不正常的。慎买袋装酱油，市场中存在大量不合格的酱油或醋是由水、糖色、工业用醋精勾兑成的，这种产品带有刺激性气味，并含有重金属等对人体有害的物质。

四看颜色。正常的酱油色应为红褐色，品质好的颜色会稍深一些，但如果酱油颜色太深了，则表明其中添加了焦糖色，香气、滋味相比会差一些，这类酱油仅仅适合红烧用。

还有一种简单的方法，可以辨别出酱油的好坏，就是摇动酱油后进行观察。好酱油摇起来会起很多泡沫，而且不易散去，酱油仍澄清，无沉淀，无浮沫，比较黏稠，颜色呈红褐色、棕褐色、有光泽而发乌，具有浓郁酱香和酯香味；而劣质酱油摇动只有少量泡沫，容易散去。

 小贴士

①酱油的食用方法

在食用酱油时，若是酱油需要与食盐同食，应先调入酱油，待酱油确定后再调入适量的盐，这就是所谓"先调色，后调味"。在加热过程中，酱油有三个变化：糖分减少、酸度增加、颜色加深。因此，必须把握好用酱油调色的尺度，防止成菜的色泽过深。

②辨别老抽与生抽

一看颜色。可以把酱油倒入一个白色瓷盘里晃动颜色，生抽是红褐色的；老抽是棕褐色并且有光泽。

二尝味道。生抽吃起来味道比较咸，老抽吃到嘴里后，有一种鲜美的微甜。

三看制作方法。生抽是以优质黄豆和面粉为原料，经发酵成熟后提取而成；老抽是在生抽中加入焦糖，经过特别工艺制成的浓色酱油。

四看用法。生抽用来调味，因颜色淡，故做一般的炒菜或者凉菜的时候用得多，老抽一般用来给食物着色用，一般做红烧等需要上色的菜时使用比较好，适用于红烧肉、烧卤食品及烹调深色菜肴。

③防止酱油发霉

为了有效防止酱油发霉长白膜，可以往酱油中滴几滴食油、放几瓣去皮大蒜，或者滴几滴白酒，都能起到比较好的防霉作用。长时间放置的酱油并不会产生黄曲霉素，事实上，酱油在生产过程中，是允许存在酱油黄曲霉素的，但含量不能超标，1千克酱油中含量小于10微克。

3.甜面酱

甜面酱，又称甜酱，是以面粉为主要原料，经制曲和保温发酵制成的一种酱状调味品，在北方极为普遍，其味甜中带咸，同时有酱香和酯香，适用于烹饪酱爆和酱烧菜，如"酱爆肉丁"等，还可蘸食大葱、黄瓜、烤鸭等菜品，山东民间素有"大葱抿（蘸）甜酱，不尔（理）烂咸菜"之说。

甜面酱是吃北京烤鸭时不可缺少的角色，用筷子挑一点甜面酱，抹在荷叶饼上，放几片烤鸭盖在上面，再放上几根葱丝、黄瓜条或萝卜条，将荷叶饼卷起入口，真是美味无比。

烤鸭与甜面酱

营养价值

甜面酱经历了特殊的发酵加工过程，它的甜味来自发酵过程中产生的麦芽糖、葡萄糖等物质。鲜味来自蛋白质分解产生的氨基酸，食盐的加入则使其具有了咸味。甜面酱含有多种风味物质和营养，不仅滋味鲜美，而且可以丰富菜肴营养，增加菜肴可食性，具有开胃助食的功效。

甜面酱老少皆宜，以每次不超过30克为宜，但由于甜面酱含有一定量的糖和盐，因此糖尿病、高血压患者慎食。

储存方法

开封前

甜面酱的保质期一般为3个月。未开封的甜面酱，避免高温环境，正常存放，可以在保质期内保持原有品质；也可以低温冷藏，延长保存时间。

开封后

开封后的甜面酱要尽快食用，忌沾生水，避免存放于高温、不卫生的环境中，如果甜面酱的颜色加深，建议保存于冰箱冷藏室内。

选购方法

优质甜面酱应呈黄褐色或红褐色，有光泽，散发酱香及酯香。无酸、苦、焦味及其他异味，黏稠适度，无杂质。

小贴士

> 甜面酱可以冷冻保存。甜面酱因含有盐分、乳酸、糖等多种成分，一般不会结冰，零下40℃条件下会出现冰渣，零下60℃才会完全结冰。

4. 辣椒酱

辣椒酱是用辣椒制作成的酱料，是餐桌上比较常见的调味品。各个地区都有不同的地方风味辣椒酱，我国四川和湖南等地的辣椒酱以产品种类丰富而著名。

辣椒酱

营养价值

辣椒酱能够开胃消食、暖胃驱寒，含有丰富的维生素以及抗氧化物质等，可以起到预防冠状动脉硬化，降低胆固醇，预防衰老等作用。辣椒酱中的辣椒油也有一定的药性，可以促进血液循环，改善怕冷、冻伤、血管性头疼等症状。同时，食用辣椒还能够美容、降脂减肥，是生活中不可缺少的一种佐食良品。

储存方法

想要延长辣椒酱的存放时间可以考虑以下三点：

①制作辣椒酱时多放盐。盐本身具有防腐功能，能保证腌过的食物长时间不变质。

②密封保存。密封保存是避免辣椒酱与空气接触的一个重要手段。可以把辣椒酱隔水蒸一下，再晾凉，这样瓶子里的辣椒酱就变成负压，可以做到绝对的密闭。

③放置阴凉处，避光保存。由于细菌繁殖需要适宜的温度，避免阳光直射可以有效地阻碍细菌的繁殖。

选购方法

选购辣椒酱时可以从以下三个方面考虑：

一看颜色。优质辣椒酱呈红褐色、棕红色或黄色，油润发亮，鲜艳而有光泽。

二看味道。优质辣椒酱滋味鲜美，入口酥软，咸淡适口，有豆酱或面酱独特的滋味。

三看黏稠度。优质辣椒酱黏稠适度，不干涩、无霉花、无杂质。

小贴士

辣酱的味道受原料的影响很大，如豆瓣辣酱可能会有锈味，而有些用劣质油脂加工的劣质辣酱类，色泽较深且灰暗，味道平淡、苦涩、发酸。

5. 芝麻酱

芝麻酱也叫麻酱，是把炒熟的芝麻磨碎制成的食品，有香味，可作为调料食用，是大众非常喜爱的香味调味品之一。根据所采用的芝麻的颜色，芝麻酱可分为白芝麻酱和黑芝麻酱，食用以白芝麻酱为佳，滋补益气以黑芝麻酱为佳。根据用途来看，火锅麻酱就是一种常见的白芝麻酱，其制作工艺精细、色泽金黄、口感细滑、口味醇香。

芝麻酱

营养价值

芝麻酱富含蛋白质、脂肪、多种维生素和矿物质，具有很高的营养价值。芝麻酱中含钙量较高，与猪肝、鸡蛋黄相比，芝麻酱的含铁量也较高，经常食用不仅对调整偏食厌食有积极作用，还能纠正和预防缺铁性贫血。芝麻酱中还含有丰富的卵磷脂，不仅具有健脑益智的作用，还可防止头发过早变白或脱落。

储存方法

①未开封。购买的市售芝麻酱未开封之前可以在常温下放置阴凉干燥处即可。

②开封后。开封后的芝麻酱最好放入冰箱中，如果开封后依然放在常温环境中，很容易导致细菌滋生，食用后会影响身体健康。

③自制芝麻酱。自制的芝麻酱最好在其表层淋一层油，可以杜绝外界微生物的进入而引起的变质，然后将芝麻酱放在干燥清洁的容器中，最好是玻璃瓶，密封保存至阴凉干燥处。

选购方法

选购芝麻酱时，应避免挑选瓶内有太多浮油的，浮油越少，代表麻酱越新鲜。

 小贴士

由于芝麻酱热量、脂肪含量较高，因此不宜多吃，每天食用以不超过10克为宜。

6. 豆瓣酱

豆瓣酱属于发酵红褐色调味料，其主要材料有蚕豆、黄豆等，辅料有辣椒、香油、食盐等。根据地区以及消费者的饮食习惯的不同，豆瓣酱在生产中会配制香油、豆油、味精、辣椒等不同原料，以丰富豆瓣酱的品种。

豆瓣酱

营养价值

豆瓣酱的主要营养成分有蛋白质、脂肪、维生素、钙、磷、铁等，其中的蛋白质在微生物的作用下可以生成各种氨基酸。豆瓣酱中还富含亚油酸、亚麻酸，可以补充人体必需脂肪酸，降低胆固醇。豆瓣酱富含不饱和脂肪酸和大豆磷脂，有保持血管弹性、健脑和预防脂肪肝的作用。

储存方法

将豆瓣酱的瓶口密封好后，放在阴凉通风处即可。

选购方法

好的豆瓣酱呈现鲜亮的棕红色，无杂质，味道醇厚；而劣质的豆瓣酱的颜色要暗沉一些，含有的杂质较多，味道也没那么醇厚。

　　自制的豆瓣酱的保质期一般是18个月，但最好在一年之内吃掉。

7. 肉酱

　　肉酱，指酱状的肉，碎肉做成的糊状食品。《周礼·天官·醢人》"醢醓"汉郑玄注："肉酱也。"《前汉书平话》卷中："但依子童，便发使命宣去，本人如是生疑不至，遣使命送肉酱、肉羹去。"

　　另外，今亦以碎肉与酱拌炒者为肉酱，并用作比喻。《恨海》第三回："忽又想起他病才好了，自然没有气力，倘使被一挤倒，岂不要踏成肉酱？"鲁迅《且介亭杂文二集·在现代中国的孔夫子》："但真不愧为由呀，到这时候也不忘记从夫子那听来的教训，说道'君子死，冠不免'，一面系着冠缨，一面被人砍成肉酱了。"

肉酱

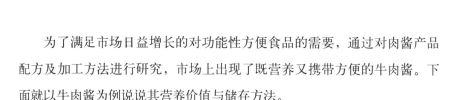

为了满足市场日益增长的对功能性方便食品的需要，通过对肉酱产品配方及加工方法进行研究，市场上出现了既营养又携带方便的牛肉酱。下面就以牛肉酱为例说说其营养价值与储存方法。

营养价值

牛肉含有丰富的蛋白质，其氨基酸组成比猪肉更接近人体需要，可提高机体抗病能力，对于生长发育及手术后、病后调养的人在补充失血、修复组织等方面特别适宜。牛肉的蛋白质含量因牛的品种、产地、饲养方式等不同而略有差别，但一般都在20%以上，比猪肉和羊肉高。牛肉的蛋白质由人体必需的8种氨基酸组成，且比例均衡，在摄食后几乎可全部被人体吸收利用。牛肉的脂肪含量比猪肉、羊肉低，在10%左右。此外，牛肉中还富含矿物质（钾、锌、镁、铁等）和B族维生素。

储存方法

肉酱应装在玻璃瓶或瓷罐中，密封保存，放在冰箱中，可以延长食用时间。

选购方法

在选购家庭自制肉酱所需的原料时要注意以下三点：

①尽量选择新鲜肉类食用。与火腿肠、罐头等已加工肉类食品相比，要多食用新鲜肉类，尤其应首选冷却肉，其次是热鲜肉和冷冻肉。与这些新鲜肉类相比，火腿肠、罐头等肉类食品中复合磷酸盐、防腐剂、着色剂、淀粉等添加剂一旦超标，会对消费者身体健康造成或多或少的伤害。

②尽量避开心、肝、肾等内脏器官。内脏器官是畜禽体内容易发生病变的部位，用于制作肉酱时一定要煮熟、煮透。

③不要在没有卫生合格证明和从业人员体检健康证明的小摊小店购买肉类。

小贴士

牛肉酱的保质期很短，一般只有一周左右，所以做好后要尽快食用。

8. 鱼酱

鱼酱是我国苗族的传统烹调佳品，具有酸、甜、咸、香的风味，以黔东南苗族自治州雷山县永乐区出产的永乐鱼酱（又称糟辣鱼酱）最为出名。在炒菜或煮火锅时放入适量鱼酱，菜肴会特别鲜美，不仅能增进食欲，更有健胃作用。

鱼酱

营养价值

鱼酱的主料是香糯米、酒曲、鲫鱼或小鲤鱼，辅料为辣椒面、盐、食用油和姜。鱼酱味辣、清香，营养价值极高，能够增强食欲，老少皆宜，而且是日常生活的佐菜良品。

储存方法

将鱼酱放到通风阴凉处保存，可以延长保存时间。

选购方法

在市场上购买鱼酱时，一定要注意生产日期、质量合格证以及生产厂家，避免购买"三无"的产品。

 小贴士

鱼酱的鱼香味浓，用于烹制鱼香味型的菜肴时可以起到锦上添花的作用。

鱼酱文化

古时，鱼酱是苗家富贵的象征之一。制作鱼酱的过程费时又费力，许多村民都不愿制作，究其原因主要是其中最主要的原料——爬岩鱼产量极低又不好捕捉，"穷人没人花功夫去捉，只有富庶人家才有闲心去弄这东西"。爬岩鱼是黔东南苗族自治州雷山县永乐区桥港村附近一条名叫"大河"的常流河的特产，在夏秋之际，此鱼相对较多。爬岩鱼最大不过小拇指粗、长约5厘米，1人1天最多捕上500多克。此外，在捕捉爬岩鱼时捕到的草鞋虫、小河虾、蝌蚪等，也是制作鱼酱不可少的原料。将捕回后的爬岩鱼等洗净剁碎，将在草木灰中烤好的干辣椒剁碎，再配上姜米、甜酒、盐等，置放于坛中，再用草木灰封坛，即完成制作。"封坛不用水而用草木灰，这是苗族祖辈传下来的规矩"。

半个月后，鱼酱就可以取出食用了。其食用主要有两种方式：一是将青椒剁碎炒熟，放上一小勺鱼酱，再放水煮沸后取出，食客用筷子夹一丁点入口，食之令人食欲大增；二是佐以猪肉做火锅，不但下饭，还可以解肥腻。

味辣、清香、增食欲，是雷山鱼酱独特的食用功效，老少皆宜，当佐料煮什么都好吃，苗人一家只要做一坛（约2.5~3千克），就可以食用一年。而只有稀客、贵客到访才能享受到苗家这一独特的美味。

9．草莓酱

草莓酱是由草莓、冰糖、蜂蜜等材料制作而成的一种营养丰富的食品。

草莓酱

草莓酱是果酱中的主要品种，堪称果酱之王。草莓酱的产量约占果酱的60%~70%，其次是橘子酱、苹果酱、杏酱、什锦果酱等。果酱产量较大的国家有美国、英国、日本等。我国食用果酱有悠久的历史，但果酱罐头的生产主要在1949年10月以后，其中草莓酱的生产始于20世纪60年代初。上海、北京、天津、南京、保定、丹东、烟台等地的工厂都曾生产。

营养价值

草莓酱含有天然果酸，能促进消化液分泌，有增强食欲、帮助消化之功效。草莓酱还能增加色素，对缺铁性贫血有辅助疗效，同时还含丰富的钾、锌元素，能消除疲劳，增强记忆力。婴幼儿吃草莓酱可补充钙、磷，预防佝偻病。

草莓营养价值丰富，被誉为是"水果皇后"，含有丰富的维生素C、维生素A、维生素E、维生素P、维生素B_1、维生素B_2、胡萝卜素、鞣酸、天冬氨酸、铜、草莓胺、果胶、纤维素、叶酸、铁、钙、鞣花酸与花青素等营养物质及微量元素。尤其是所含的维生素C，其含量比苹果、葡萄都高7～10倍，而所含的苹果酸、柠檬酸、维生素B_1、维生素B_2，以及胡萝卜素、钙、磷、铁的含量也比苹果、梨、葡萄高3～4倍。

储存方法

想要延长草莓酱的保存时间可以从以下两方面入手：

①在制作过程之中加入足量的糖。高浓度的糖通过渗透作用可以置换出草莓本身的水分，导致微生物脱水而不能生存，从而保持草莓酱不腐败。

②充分的熬煮。充分的熬煮是草莓酱制作过程中非常重要的步骤，长时间的熬煮才能将水果中的果胶与味道煮出来，这个步骤影响了草莓酱的味道和口感，同时也具有杀菌作用，可以防止草莓酱在保存时内部变质腐坏或发酵。

选购方法

优质的草莓酱颜色自然，带半透明，有特殊的草莓水果香气和味道，口感柔软有弹性，状态介于凝冻和黏稠流体之间。

小贴士

很多人喜欢在家里自己制作果酱，自制果酱时应该注意以下三个方面：

一是用量。一般果酱按1份果肉、半份糖的比例制作（糖的分量也可减半，另增加同等麦芽糖），糖量可适当增减，糖可以使果酱浓稠，且是很好的防腐剂，用糖过少会使保质期缩短，如果糖量适中，消毒良好的果酱可保质6个月以上。如果是含水量少的水果，如苹果、梨等可加少半份水。

二是制作果酱的工具。煮果酱的锅最好是耐酸的，像蓝莓、山楂等不能用铁锅或铝锅煮，注意煮时不停搅拌，最好用木勺；盛果酱的容器最好选用玻璃的，并且事先要用开水煮5～10分钟消毒控干后使用（切勿使用毛巾擦拭）。

三是果酱的储藏。做好的果酱要趁热装入容器，盖紧盖子，倒扣放置，晾至常温后瓶口朝上（这样可防止空气进入使瓶内真空），最好冰箱冷藏存放。

（四）生活中的醋

酸，是我国历史最早时期的两种调味（梅子的酸、盐的咸）之一。随着时代发展，食醋不仅成为深受人们喜爱的居家必备的调味品，同时也以其独有的滋味，丰富的营养价值和独特的药理作用而越来越受到人们的青睐。

经过千百年的发展，我国的食醋产业从最初的作坊发展到小型的生产企业，再到现代化产业，成为具有较高品牌集中度的调味品支柱产业（除酱油产业外的第二大产业），同时在家庭消费、餐饮市场和食品加工工业三个环节中占有非常重要的作用和地位。

我国主要以米醋、陈醋、香醋这类粮食醋为主，只有少部分地区盛产水果的地方有比较悠久的柿子醋、苹果醋等调味醋历史。而随着人们生活品质的提高，国外各式各样的果醋、啤酒醋等也逐渐登上国人的餐桌。

1. 白醋

白醋

白醋是烹调中常用的一种酸味辅料，其色泽透亮、酸味醇正。

酿造白醋是以粮食或食用酒精为原料，经醋酸发酵而成；配制白醋主要是以食用冰醋酸为原料配制成。因此目前采用酒精原料酿造白醋已成为趋势。

营养价值

白醋能够促进唾液和胃液的分泌，帮助消化吸收，使食欲旺盛，其醋酸含量通常在3%～5%，除醋酸和水以外，不含或很少含其他成分。

储存方法

白醋的成分单一，不易发生化学变化。但由于醋酸容易挥发，沸点低，且具有酸性和较弱的腐蚀性，所以白醋应盛放于玻璃瓶或塑料瓶内，使用后要盖紧瓶盖，远离灶台，放于清洁、阴凉干燥处备用。

选购方法

在选购白醋时可以参考以下三点：

一识标签。酿造白醋的配料表中含有食用酒精或大米等粮食成分，而配制白醋的配料表中的成分则为食用醋酸。加工标准以GB开头的是酿造醋，以SB、DB开头的则为配制醋。

二看颜色。白醋为无色，有光泽者为佳品。颜色澄清、浓度适当，无悬浮物和沉淀的产品质量较好。

三尝味道。酿造白醋带有浓郁的醋香，酸度适中。配制白醋的刺激性强。而假醋多用工业醋酸直接兑水而成，颜色浅淡、发乌，开瓶时酸气刺激眼睛，无香味，口味单薄，除了酸味外，有明显苦涩味。

 小贴士

白醋的其他用途

①用于除淋浴喷头水垢。当浴室淋浴喷头被水垢堵住时，把喷头卸下来，取一个容器倒入白醋，把喷头的喷水孔朝下泡到醋里，数小时后水垢将自行去除，用清水冲洗即可。

②用于除热水瓶水垢。热水瓶用久了，瓶胆里会产生一层水垢，可往瓶胆中倒点热白醋，盖紧盖，轻轻摇晃后放置半小时，再用清水洗净，水垢即除。

③用于除锈迹。铜制品如有锈斑，可用白醋擦洗，除锈斑效果良好。铝制品有锈，浸泡在白醋水里（醋和水的比例按锈的程度定，锈越重或部位越大，醋的用量越大），然后取出洗净，即可光洁如新。

④用于除微波炉异味。若微波炉有异味，不妨盛半碗清水，在清水中加入少许白醋，接着将碗放入微波炉中，高火加热，利用开水的雾气熏蒸微波炉，等到碗中的水冷却后取出，拔掉插头，用毛巾擦干炉内壁。

⑤用于除菜板异味。菜板切完菜总是夹杂着各种异味，可将白醋喷洒在菜板上，放置半小时后再冲洗，可使异味很快消失。

⑥用于衣服去皱。只需要在喷瓶里加入一份白醋和三份水，摇匀后喷到衣服上，再晾片刻即可去除褶皱。

⑦用于清除胶带印记。只需要把白醋浸透印记残留的地方，让它们停留一会，残留的黏胶就可以擦掉了。

⑧用于清洁眼镜。取一块软布，喷一点白醋在上面，就可以拭去眼镜上所有的污渍。

2. 米醋

米醋

米醋是使用优质大米、糙米经过发酵酿造而成的醋。

向蒸熟的大米中加入米曲和水，加温进行糖化，然后直接或过滤后加入酵母菌，进行酒精发酵。根据需要可再添加酒精，将酒精调整至一定浓度后，加种醋进行醋酸发酵，成熟后进行过滤脱色灭菌处理，即可制成米醋。

北方的米醋醋味较浓，传统的腊八蒜就是用这类米醋制作的。而南方的米醋大多数带有甜味，醋味不烈，比如江浙地区人们钟爱的玫瑰米醋。

玫瑰米醋的酿制以籼米为原料，一年只生产一季，每年入夏前后，是玫瑰米醋的酿造期。5月中旬开始浸米、蒸饭、投料，随后开始发酵，10月底出醋，出醋后经过几年的陈酿方能上市。这种醋不添加人工菌种、色素和防腐剂，利用江南梅雨季节独特的气候条件，通过空气中的天然菌种落缸发酵，在米饭上自然生长，原料经过混合的野生霉菌、酵母菌、细菌的糖化及酒化和醋化，分解为独特的代谢物质，形成玫瑰米醋特有的色、香、味。

吃大闸蟹、虾等时，一般选用的米醋都是玫瑰米醋。玫瑰米醋具有浓郁的能促进食欲的特殊清香，并且醋酸的含量不高，约为4%，非常适口，宜搭配蘸食河鲜海鲜，还不会影响食材本味。

玫瑰米醋

营养价值

米醋是众多种类醋中营养价值较高的一种，含有丰富的氨基酸、糖类、有机酸、维生素B_1、维生素B_2、维生素C、无机盐、矿物质等。

其中的糖类如葡萄糖、麦芽糖、果糖、蔗糖、鼠李糖等，对于米醋的口感有着重要的调节作用，同时也为米醋增添了一定的保健功能。

除了乙酸，米醋中还含有甲酸、丙酸、丁酸等其他挥发性酸，以及乳酸、琥珀酸、柠檬酸、苹果酸、丙酮酸等不挥发性酸，两类酸的百分含量与食醋风味有密切关系，后者含量虽然低，却是形成醋独特风味的重要来源。食醋中挥发性酸含量高，不挥发性酸含量低，则酸味刺鼻，后味短；反之，则酸味柔和，回味悠长。

储存方法

米醋中含有一定量的蛋白质和氨基酸，可按使用量尽量采购小瓶装醋，在开瓶后最好尽快用完，否则品质、味道都会逐渐下降。盛装散装醋的瓶子须干净无水。在装米醋的瓶中加入几滴白酒和少量食盐，混匀后放置，可使米醋变香，不容易长白醭，可贮存较长时间。也可在盛醋的瓶中加入少许香油，使表面覆盖一层薄薄的油膜，防止醋发霉变质。

如果米醋瓶中出现了浑浊、沉淀物，就最好及时倒掉。如想避免醋变浑，最好的方法是，每次使用后盖紧瓶盖，远离灶台，放在避光阴凉处并缩短存放时间。

选购方法

选购米醋时可以参考以下三点：

一识标签。酿造米醋的包装上应标明"酿造食醋"、总酸含量、生产日期及批号等，以纯粮酿造、不添加冰醋酸的为佳，"配制食醋"即为勾兑醋。部分品牌的米醋中含有防腐剂，这一点无需担心，认准知名厂家生产的、有ISO或HACCP的认证的，品质通常有保障。

二看颜色。酿造米醋颜色呈色泽微黄、体态透明、澄清，玫瑰米醋的颜色则为玫瑰色，晶莹清澈，具有光泽，米醋中含有少量悬浮物和沉淀属于正常现象。由于米醋中的蛋白质和氨基酸具有起泡性，摇晃瓶子，瓶内会出现一层细小持久泡沫。

三闻气味。酿造米醋气味香浓醇厚，勾兑醋气味刺鼻。

 小贴士

米醋可以调成甜酸盐水来制作泡菜。用于热菜调味时，常用于烹制酸汤鱼等菜肴。

3. 陈醋

陈醋是指酿成后存放较久的醋。山西老陈醋产于山西省清徐县，在老陈醋中颜色最深、酸度最高，醋味最浓，为我国四大名醋之首，是以高粱、麸皮、谷糠和水为主要原料，以大麦、豌豆所制的红心大曲为糖化发酵剂，经酒精发酵后，再经固态醋酸发酵、淋醋、熏醅、陈酿等工序酿制而成。

山西老陈醋

"老陈醋"中的"老"一是指存放的时间长，二是指酿造的时间长，"陈"是指陈酿。在老陈醋的制作工艺中，最关键的要数淋醋、熏醅和陈酿这几个步骤了。"淋醋"是指用煮沸的水或醋将醋醅中的醋酸及有益成分过滤出来。淋醋的环节决定了醋的酸度，$6\,℃$以上的老陈醋才可以不加苯甲酸钠而久存不坏，越陈越香。"熏醅"是指将醋醅装入靠近炉灶的缸内文火熏烤，这是一个酯化过程，通过熏醅给醋增色、增香，还可抑制细菌的生长。不经炉熏烤的醋醅为黄色，醋糟颜色黄白，称为"白醅"。"陈酿"是醋酸发酵后为改善食醋风味进行的储存、后熟过程。陈酿有两种方法，一种是醋醅陈酿，即将成熟醋醅压实盖严，封存一定时间后直接淋醋；另一种是新醋陈酿，即将淋出的新醋打入晾晒池、贮入缸或罐中，进行陈酿。经陈酿可得到香味醇厚、色泽鲜艳的陈醋。老陈醋是以新醋陈酿代替醋醅陈酿，陈酿期一般为9~12个月，有的长达数年之久。

新醋入缸

营养价值

陈醋营养丰富，固态发酵醋配用大量的麸皮、谷糠等辅料，使食醋所含糖和氨基酸的成分较多，再经日晒蒸发和冬捞冰后，醋中的营养物质被浓缩3倍以上，陈醋的比重、浓度、黏稠度、可溶性固形物以及不挥发酸、总糖、还原糖、总酯、氨基酸态氮等质量指标均名列各类食醋之首。

储存方法

对于标注有保质期的陈醋，应存放于低温、避光条件下，在保质期内食用。山西老陈醋的酸度较高，可以抑制腐败变质，靠自身品质在常温、阴凉环境下久放不坏，原则上可以长期保存，因此正宗的山西老陈醋不用再标注保质期。由于家里的存放条件与醋厂具有一定差别，即使是未开封的食醋，随着温度、湿度的变化，其质量也会受到影响。当发现陈醋变得浑浊、有沉淀物、口感异常就不宜再食用了。

选购方法

选购陈醋时可以参考以下三点：

一识标签。正宗山西老陈醋的酸度应高于6°，其包装上应标明GB/T19777-2013的批号。目前市场上固态发酵生产出来的总酸度高于每100毫升3.5克的酿造食醋才能被称为陈醋，年份越久的陈醋价格越高，总酸度数值也越高，通常总酸度高于5克/100毫升的陈醋便可以看作是优质陈醋。

二看颜色。好的陈醋呈棕红或浓褐色，液态清亮，醋味醇厚，具有少沉淀，贮放时间长，不易变质等特点。晃一下瓶身，泡沫越多越好，消失得越慢越好。

三尝味道。一瓶好的老陈醋有特有的醋香、酯香、熏香、陈香，香气相互衬托，浓郁、协调、细腻；食而绵酸，醇厚柔和，酸甜适度，微鲜，口味绵长，具有"香、酸、绵、长"的独特风格。

小贴士

①在烹调过程中，老陈醋适合用于制作一些酸味突出而且颜色比较深的红烧用的菜肴中，比如酸辣海参、西湖醋鱼等。

②食用老醋花生要适量，最多十几粒，吃后一定要及时漱口，否则对牙齿健康不利。

③用1：300的陈醋稀释液喷洒作物叶面，可促进蔬菜的光合作用，增产效果明显。

4. 香醋

香醋以镇江产的最为有名，镇江香醋是我国四大名醋之一，始创于1840年，具有"香、酸、醇、浓"的特点，酸而不涩，香而微甜，色浓味鲜，存放时间越久，口味越香醇。

镇江香醋

香醋的主要原料为糯米，辅料为稻壳，历经酿酒、制醅及淋醋三个过程，共40多道工序，历时60天左右。得天独厚的地理环境和独特精湛的制备工艺对于制备优良的镇江香醋来说缺一不可。酿醋的糯米大部分产自镇江附近的丹阳、金坛、溧水、洪泽等地，这些产地的糯米品质好，糯性强，支链淀粉含量高。淀粉酶对支链淀粉的分支点往往切断得不够完全，因此在发酵过程中残留的低聚糖较多，香醋口味厚。糯米中所含的蛋白质成分比粳米或籼米少，因此发酵杂味少。但少量的蛋白质在酒精发酵时为酵母增殖提供营养，构成镇江香醋的鲜味、香气和色泽的重要成分。

储存方法

香醋应存放于阴凉干燥处，远离灶台，避免阳光直射，在保质期内食用完毕。

选购方法

选购镇江香醋时要做到四看：

一看总酸。镇江香醋的总酸含量不低于每100克毫升4.5克。

二看配料。镇江香醋中一般含有一种叫做炒米色的原料，用以调制色泽和增加香气。

三看执行标准。镇江香醋的执行标准（即产品标准）是GB/T18623-2011。

四看产地和地理标志。产地限于镇江市，获准使用地理标志产品专用标志的生产商，其产品的外包装上印有地理标志产品的专用标志。

 小贴士

> 香醋适用于烹制菜品颜色浅、酸味不突出的菜肴，如拌凉菜、醋熘鱼片等。

5. 麸醋

麸皮作为小麦加工的副产物，在四川地区资源丰富，它集主料、辅料和填充料的功能于一身，简化了麸醋生产时的原料配比。麸皮制成的麸醋中，以保宁醋最为著名。

保宁醋是四川省的地方传统名优特产，是我国麸醋的代表，也是我国少有的药曲醋，属于中国四大名醋之一，迄今已有400多年的历史。保宁醋以麸皮为主要原料，辅以小麦、玉米、大米以及几十味中草药，通过制曲、发酵、熬制、过滤等几十道工序酿制而成，其最大的特点是采用中草药制成的药曲对淀粉物质进行糖化和酒化，所用中草药中含有的多种有机物和芳香物质，能增强四川麸醋的特殊风味和气味。

四川保宁醋

营养价值

麸醋不仅是调味佳品，而且极具营养价值，含有18种人体必需的氨基酸，多种维生素和有益于健康的锌、铜、铁、磷、钾等十多种微量元素，以及中草药中所含的多种有机物和芳香物质。

储存方法

保宁醋的储存和陈醋相似，应存放于阴凉干燥处，远离灶台，避免阳光直射。标注有保质期的保宁醋应及时食用完毕，未标明保质期的通常酸度较高，但也要注意食用后及时密封，避免变质。

选购方法

选购麸醋可以参考以下三种方法：

一识标签。选购麸醋时应注意包装是否完整、是否是正规厂商出品，标签上的总酸度和陈酿时间可反映醋的品质。

二看颜色。好的麸醋色泽红棕、液态清亮。晃一下瓶身，泡沫越多越好，消失得越慢越好。

三尝味道。好的麸醋醇香回甜、酸味柔和，有一定的中药味。

小贴士

　　保宁麸醋向来被人们誉为川菜精灵，甚至有"离开保宁醋，川菜无客顾"的说法，因此保宁醋尤其适合烹制川菜。

6. 红曲醋

红曲醋

　　红曲醋又称乌醋，在我国已经有数千年的历史了。红曲醋是以优质糯米、红曲、芝麻、白糖为原料，经过蒸饭、冷却、拌曲、酒精发酵、过滤、食醋发酵以及多年陈酿等前前后后50多道工序制作的，制作工艺历时800~1 000天左右。红曲醋同样作为四大名醋之一，其主要销售市场仍在本地，它的知名度远不及其他几种。一方面是由于缺乏有力的推广，更重要的原因是红曲醋的制作工艺较为传统，全程采用人工操作和简单的工具完成，企业规模小，生产集中度不高。

营养价值

　　红曲醋的醋酸含量较高，含有多种糖类和氨基酸，以及丰富的维生素和微量元素，研究提示红曲醋还可能具有降血压的作用。

储存方法

　　红曲醋应存放于阴凉干燥处，远离灶台，避免阳光直射。

选购方法

选购红曲醋时可以参考以下三种方法：

一识标签。选购红曲醋时应注意包装是否完整、是否是正规厂商出品，原料中是否含有红曲。

二看颜色。红曲老醋色泽琥珀、液态清亮。

三尝味道。好的红曲醋酸而不涩，香中带甜，芳香醇厚，爽口开胃。

 小贴士

> 红曲醋可用来调味面食，它和海鲜搭配时十分美味；也可向热汤里加一些红曲醋，可使香汤更加美味。

7. 果醋

果醋有着比粮食醋更为悠久的历史，如果说陈醋、香醋、米醋都是粮食的"果实"，那么果醋则是水果的"精华"。果醋是以水果，包括苹果、山楂、葡萄、柿子、梨等为主要原料，利用现代生物技术酿制而成的一种营养丰富、风味优良的酸味调味品。

苹果醋

营养价值

果醋兼有水果和食醋的营养保健功能，含有较多的天然芳香物质有机酸，保持了水果特有的果香，既可做调味品，也可以作为饮品直接饮用。苹果醋是最常见的果醋，甜中带酸，既消解了原醋的生醋味，还带有果汁的甜香，非常爽口，同时由于苹果醋富含果胶、维生素和有机酸，也逐渐开始担任日常调味品和健康饮料的双重角色。

储存方法

果醋应避免阳光直射，远离灶台，在避光阴凉处保存，食用后及时密封。

选购方法

果醋分为调味果醋和饮用果醋。调味果醋酸度多在3.5%以上，其他成分多在2%以下，而饮用果醋酸度多在2.0%以下。因此选购果醋时要明确其用途，并注意配料表信息，按需购买。

 小贴士

> 果醋适合用于烹调西式料理，常常在家庭制作西餐时用于腌制和拌沙拉，很多时候也会和其他果汁混合后饮用。

8. 国外名醋

食用醋的习惯并不只存在于中国，如今醋已成为风靡世界的调味品。不仅我国有着品种丰富，口味各异的名优醋品，国外也有许多工艺传统、历史悠久的食醋。随着商业化的推广和醋产品的流通，越来越多的知名外国醋产品也逐渐走向了我国老百姓的餐桌。国外的醋品类中最负盛名的包括意大利的巴萨米克醋、西班牙的雪莉醋以及英国的麦芽醋。另外像椰子、甘蔗这类含糖量高的、常用作酿酒的原料也可用来酿醋，风味极具特色。

(1) 巴萨米克醋 (Balsamic)

巴萨米克醋源自意大利的摩德纳市，传统巴萨米克醋口感浓郁美妙，在意大利高级料理中经常会被用到。巴萨米克醋年份越久、浓度就会越高，50年的传统巴萨米克醋，年产只有10桶。为了保证这种珍贵的醋不被浪费，装醋的瓶口会加装一个细玻璃滴嘴，倒醋时都是以"滴"作为计量标准的。

巴萨米克醋

传统的巴萨米克醋是由新鲜收获的葡萄酿制成的，将葡萄原汁熬煮浓缩至原有体积的30%，再经过缓慢的发酵过程。葡萄原液会在木桶里发酵，酿造葡萄酒以橡木桶为主，但巴萨米克醋则可采用7种不同树木的木桶，包括橡木、栗木、桑木、樱桃木、洋槐木及欧洲刺柏和欧洲白蜡。为了让醋拥有更丰富的香味，醋厂选择数种不同木材的醋桶，每隔一年把醋轮换到另一种木材的桶中。每一种木材都有不同的功能，其中樱桃木最受欢迎。它能为醋带来清新的果香，而欧洲刺柏木桶气味比较浓重。

建立培养传统巴萨米克醋的成套木桶需要至少12年以上的时间，第一年是准备期，先将全新的木桶装满葡萄酒醋，以便去除新桶的味道。隔年倒掉酒醋之后，就可以装入开始醋化的葡萄汁。每一组醋通常都会有标志，以确定醋桶进入使用的时间。这样过了12年后，如果醋的成熟情况不错，就可以开始生产传统巴萨米克醋了。取醋的最佳时间是在冬季，寒冷的天气让沉淀的效果变得更好，取出的醋会比较澄清透明。每组醋桶每年取出的醋仅仅是整个醋桶的1%～2%。同时依照规定，只能从最小的木桶内取出几升的醋，送到公会品尝鉴定。如果不合格，它们将再回到木桶里继续培养。合格的醋将可以成为正式的优质的摩德纳传统巴萨米克醋，进行密封

装瓶，并贴上D.O.P（Protected Origin Designation）封条戳记。当地的人称这种经过公会鉴定检验后的醋为"Affined"。

酿制传统巴萨米克醋的木桶

传统的巴萨米克醋由于长时间陈放，风味已经变得极为出彩，口感饱满浓稠，酸味柔和，香气馥郁。它不同于一般的烹调用醋，直接拿来烹煮实在暴殄天物，更适合被定义为提味用的酱料，加热会使巴萨米克醋中的香气挥发掉，因此建议在上菜前加入或直接淋在盘上。

（2）雪莉醋（sherry vinegar）

和雪莉酒一样，雪莉醋也是西班牙最著名的特产之一，产于西班牙南部安达卢西亚的赫雷斯，由于这里盛产西班牙雪莉酒，因此雪莉醋也就在这里诞生了。

雪莉醋的酿制方法是将葡萄经酒精发酵后再转入醋酸发酵，但与其他发酵醋有所不同的是，雪莉醋的发酵是将发酵木桶按照上下高低

雪莉醋

不同顺序排放的，最下层的木桶发酵液充分成熟后便生成了醋，上层的木桶会自动利用落差流入到下层的发酵木桶中，如此反复，最上层的发酵木桶至少需发酵5年，才能保证雪莉醋的风味纯正和品质稳定。

雪莉醋色泽较深，气味香浓，有些微微的香甜与坚果的气息，无论洒在沙拉上或肉类上，都十分美味。也可以把雪莉醋和浆果一起长时间地炖煮，做成浓郁的酱汁，作为甜点或面包的蘸酱，这种蘸酱酸甜中透出些独特的酒香，令人胃口大开。

(3) 麦芽醋（malt vinegar）

麦芽醋是西方人比较常食用的一种谷物醋，人们通常把麦芽醋称为阿尔格（alegar），即不需要酒花的啤酒。麦芽醋主要流行在英国与德国地区，其历史比大不列颠还要久。

麦芽醋

麦芽醋的酿制离不开发芽的大麦和谷物，由于其中的淀粉会转化为麦芽糖，麦芽糖被酿制成酒，最后转化为麦芽醋。酿成的麦芽醋呈淡棕色，通常人们还会加入焦糖使其颜色更深。

由于麦芽醋的酿造工艺有与啤酒类似之处，因此麦芽醋的味道也隐隐透着小麦香，并具有浓郁的柠檬味。麦芽醋一般不被用作沙拉酱，而主要用于腌制酸黄瓜等蔬菜，或用作沙司、复合调味汁、调味番茄酱、蛋黄酱等原料。此外，英国人吃薯片或薯条时，特别爱搭配麦芽醋，因为麦芽醋能很好地渗入薯条并带出淀粉的甜味。

(4) 甘蔗醋（Cane Vinegar）

顾名思义，甘蔗醋是以新鲜糖料甘蔗为原料，由纯蔗汁发酵酿造制成

的，汁液透亮、琥珀黄色、香味浓郁、具有甘
蔗清香味，在菲律宾和一些南亚岛国非常流
行，当地人喜欢拿甘蔗醋搭配肉吃。甘蔗醋的
颜色从深黄到金黄色都有，与我国的米醋有相
似之处。但甘蔗醋由于不含有残留的糖，所以
味道不会比其他醋更甜。相比其他醋，甘蔗醋
的醋味要淡很多，适合用于酸甜口味的菜。

甘蔗醋

　　甘蔗醋可以直接饮用，加入冰块或混合
沙冰、雪碧饮用，口感清爽，特别适合夏天饮用。甘蔗醋与橙汁混合饮用
时不仅风味独特，而且营养更加丰富。

(5) 椰子醋（Coconut Vinegar）

　　椰子醋的色泽很淡，酸度仅有4%，比别的醋更浑浊更
甘甜，在太平洋地区十分常见，受到菲律宾人民的喜爱，
目前，澳大利亚也开始流行这种醋。

　　椰子醋营养成分较高，是由椰子水或椰子汁发酵制成
的，类似甘蔗醋。在菲律宾跟很多热带地区，人们常常将
未加工的椰汁置于露天发酵酿造醋，整个发酵过程不使用
巴氏灭菌，这反而增加了椰汁中的营养成分，同时，酸性
环境也抑制了那些不受欢迎的细菌的生长。

椰子醋

　　椰子醋常被用来腌制海鲜类的食物。椰子醋与各种香草碎简单调制，
便能搭配作为很多食物的酱汁。

(6) 红茶菌醋（kombucha vinegar）

　　红茶菌醋，也称益生菌醋，由红茶菌制成。提起这种醋人们可能会觉

得陌生，但实际上，红茶菌在中国流传应用
已有150余年的历史。近年来，关于红茶菌以
及红茶菌醋的国内外研究也在日益增多，发
现红茶菌以及红茶菌醋具有治疗多种慢性疾
病的医用保健功效，也因此，红茶菌醋逐渐
走进了现代人们的视野中。

红茶菌是由酵母和细菌共生混合培养而
成，发酵后即为人们熟知的康普茶。通常红
茶菌发酵6～8天会出现类似苹果汽水的味道，
清新甘甜，当发酵至8～14天，将出现类似食
醋的强烈味道，这就是红茶菌醋。

红茶菌醋

在料理方面，红茶菌醋主要用来制作饮料，酿造过程中还可以添加草
莓、蓝莓等水果，以增添风味和果香。红茶菌醋制作饮料时加上一些薄荷，
口感将更加清新。

(7) 英国黑醋 (Worcestershire sauce)

英国黑醋，又称伍斯特沙司，是一种起源于英国的调
味料，是由沃斯特化学家John Wheeley Lea和William
Henry Perrins创建的复合混合物的发酵液体调味品，因
发明和最早生产地点是在伍斯特郡的郡府作坊而得名，味
道酸甜微辣，色泽黑褐。

英国黑醋是以大麦醋、白醋、糖蜜、糖、盐、凤尾
鱼、罗望子、洋葱、蒜、芹菜、辣根、生姜、胡椒、大茴
香等近30种香料和调味料，经加热熬煮后过滤制成的。

在西方，英国黑醋被广泛用于各种菜肴和其他食品的

英国黑醋

制作中，特别是牛肉菜及其制品，此外还可以用来调制鸡尾酒。伍斯特沙司于19世纪由英国传入上海和香港，在两地分别有了"喼汁"和"辣酱油"这两个本土名字，也被用于当地饮食的调味，比如上海的生煎馒头和炸猪排，粤式点心、山竹牛肉球等都用到黑醋作蘸料。

(8) 啤酒醋（Beer vinegar）

世界上有多少啤酒，就有多少啤酒醋。就像啤酒一样，啤酒醋也带有麦芽的香气以及漂亮的浅金色泽，主要产自德国、奥地利和荷兰，在这些国家啤酒醋被广泛应用于调味。

啤酒醋也可以说是一种饮料，是纯啤酒经过二次发酵酿制而成的，保留了啤酒固有的多种氨基酸和各种营养成分。啤酒醋很适合搭配油腻的肉类一起食用，也很适合搭配味道浓郁的奶酪。

啤酒醋

(9) 蜂蜜醋（honey vinegar）

蜂蜜醋是一种罕见的食醋，于1959年发明，其历史至今已有几百年。蜂蜜醋的制作工艺非常简单，仅用水和蜂蜜酿制，需要12个月才能酿成，前6个月发酵成蜂蜜酒，后6个月进一步变成醋，其发酵和成熟过程均在橡木桶中完成，因此成品酸度较低，带有淡淡的甜味。

蜂蜜醋可以兑入等量的150毫升冰镇水，搅拌均匀后饮用，每天喝1杯可以通便利尿。

蜂蜜醋

小贴士

近年开始流行家庭酿醋，随之而来的安全问题也逐渐引起大家的重视。

家庭酿醋常用的菌种俗称"醋蛾子"，它是一种呈半透明状的物体，表面有一层滑腻腻的黏液，摸上去是软软的。用它加上凉白开水、白糖和白酒，便能酿出醋来。20世纪80年代时还没有醋的灭活技术，酿出的醋是现酿现吃，有的醋放置时间长了，继续发酵便产生了这样的黏稠物，也就是如今的"醋蛾子"。

"醋蛾子"实际上是一团醋酸菌的聚合体，其中最主要的成分是胶膜醋酸杆菌，这种醋酸菌属于革兰氏阳性菌，彼此之间能相互连结成膜，其细胞壁的主要成分是纤维素，故形成的膜具有一定韧性，它在有氧条件下将乙醇转化为醋酸、乳酸，将葡萄糖转化为葡萄糖酸，进一步氧化为酮葡萄糖酸，生成维生素C。

家庭酿醋的过程相当于一个模拟酒精酿醋的过程，很难控制发酵的具体参数，因此无法确定最终成品的醋酸含量是否达标、是否不被其他杂菌感染、是否含有有害物质。而且这种成品白醋的品质和营养价值远比不上正规厂家生产的粮食酿造醋。

除了自酿白醋，网上还流行起了水果醋的简易制法：将新鲜的水果切块，加适量冰糖，浸泡在白醋或米醋中，在阴凉处存放数周或者数月后，待水果里的糖分、色素等被醋萃取完全即可饮用。实际上，酿造果醋里面含有丰富的蛋白质、氨基酸、碳水化合物、有机酸、微生物和矿物质以及香气成分，这些都是经过微生物经过长时间的分解转化而得到的，而把水果泡在醋里和真正的果醋有着最根本的本质区别，并不具备果醋的保健价值。所以，与其自己酿醋，不如到市面上选购营养健康、令人放心的食醋。

三、

开讲了：
吃个明白

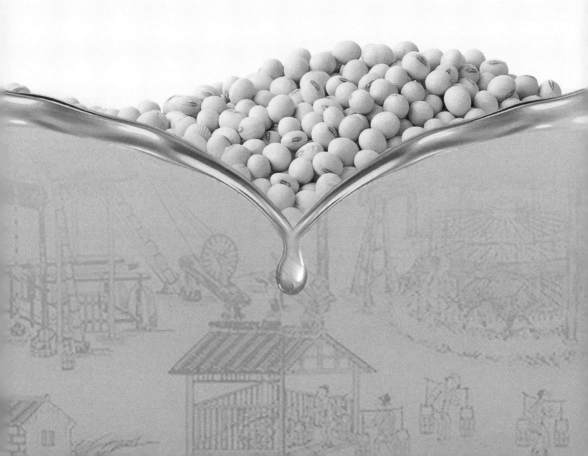

（一） 食以人分

1. 不同人群的食油建议

21世纪是全民追求大健康的时代，人们对油的要求越来越高，不仅要求吃得好，还要吃得安全、吃得营养、吃得健康。但不同人群对于食用油中各种营养成分的需求不一样，因此应该根据自身特点科学合理地选择食用油。

儿 童

儿童每天摄入食用油的量最好控制在10～15克，1岁之前的幼儿最好少吃油，在品种的选择上应注意选择那些比较容易消化吸收、含有丰富维生素等营养成分的油脂，最好具有健脑益智功效。下面，我们就来介绍几种适合儿童吃的食用油。

①大豆油。大豆油中富含卵磷脂和不饱和脂肪酸，易于消化吸收，对增强脑细胞功能，促进大脑发育，增强儿童的记忆力很有帮助，可以作为基础油制作儿童餐。

②芝麻香油。芝麻香油富含维生素E，单不饱和脂肪酸和多不饱和脂肪酸的比例是1∶1.2，香味浓郁，能够有效提高儿童食欲，可以在制作拌菜时作为调味油食用。

③核桃油。核桃油中富含的磷脂，对促进宝宝的智力发展，维持神经系统正常机能的运转大有好处，其所含维生素和不饱和脂肪酸、维生素E

及多种微量元素，极易被消化吸收，对婴幼儿来说核桃油具有平衡新陈代谢、改善消化系统的功效，可以在日常饮食中搭配其他油脂制作婴幼儿辅食或儿童餐。

④茶籽油。茶籽油富含不饱和脂肪酸和维生素E等营养物质，且其脂肪酸比例比较接近人乳，能够提高儿童免疫力，增强胃肠道的消化功能，促进钙的吸收，对生长期的儿童很有益处，可以添加到婴幼儿辅食或儿童餐中。

孕产妇

对于孕产妇来说，油脂不仅仅是增进食欲的必需，还是营养成分的来源。各种脂溶性维生素都需要油脂帮助吸收，而腹中胎儿所需要的必需脂肪酸也有一大部分来源于油脂。孕产妇应该摄入油脂15～25克，并且丰富食用油种类以均衡营养，以下几种食用油都可以加入到孕产妇的食谱中。

①大豆油。大豆油中富含人体必需脂肪酸（如亚油酸）和卵磷脂，易于消化吸收，有很好的健脑和益智的作用，对孕妇腹中胎儿发育有较好的促进作用，可以作为孕产妇日常饮食中的基础常用油。

②亚麻子油。亚麻子油富含 $\omega-3$ 不饱和脂肪酸，即 $\alpha-$ 亚麻酸，可以在人体中转化为DHA，对胎儿的大脑神经系统发育有较好的作用，孕妇食用亚麻籽油时最好与其他食用油调和，以均衡营养。

③橄榄油。橄榄油具有非常高的营养价值，橄榄油中含有丰富的不饱和脂肪酸、矿物质、维生素等多种营养成分，它不仅能改善孕妇的消化功能，还能增强钙在骨骼中沉淀，促进胎儿的生长发育，既可以作为孕产妇饮食中的烹调用油，也可以作为蘸料与日常食物搭配食用。

④核桃油。核桃油中含有角鲨烯等物质，具有良好的健脑效果，能促进胎儿的智力发育，增强孕产妇的免疫力，可以作为孕产妇饮食中的高级

油脂与其他基础油脂搭配烹制食品。

⑤茶籽油。茶籽油单不饱和脂肪酸的含量高达80%，富含较高的维生素E，不饱和脂肪酸含量完全符合"欧米伽膳食"国际营养标准，孕妇在孕期食用茶籽油不仅可以增加乳汁分泌，而且对胎儿的正常发育十分有益。茶籽油既可以作为孕产妇食谱中的烹调油，也可以作为高级油脂与其他食用油调和使用。

老年人及"三高"人群

现代社会，着老年人对养生的越来越加重视，他们对摄入食用油的质和量也越来越关注。因为很多老年人都是"三高"人群，医生告诫他们要少吃或不吃油腻的食品，所以都不敢随便吃油重的食物，其实只要选对了合适的油，吃对了正确的量，不仅不会使"三高"更严重，还会帮助缓解"三高"症状。

对于老年人，尤其是患有"三高"的人群来说，食用油控制总量比控制种类更重要，建议每人每日食用油控制在15～25克，同时适当增加体力活动。控制总量的同时还要兼顾各类脂肪酸的摄入量，避免或者限制食用肥肉、全脂食品、棕榈油及油炸食品。植物油对于老年人来说比动物油好，动物油比油炸过食品的油好。下面就来介绍几种适合老年人的植物油。

①橄榄油。橄榄油具有显著的降血压、降血糖和预防心脑血管疾病的作用，橄榄油油酸可以增加胰岛素敏感性、改善血糖应答反应，减少机体对于胰岛素的需要量，同时还可降低患血管病变的概率。对于中老年，尤其是患有"三高"、心脑血管疾病的人群来说，橄榄油可以作为日常食用油用于制作适于"三高"人群的特殊膳食。

②葵花子油。葵花子油90%是不饱和脂肪酸，其中亚油酸占66%左右，还含有维生素E、植物固醇、磷脂、胡萝卜素等营养成分，是以亚油酸高

含量著称的健康食用油。适量地长期食用葵花籽油能够对如冠心病、脑中风、脑血栓、动脉硬化、高血压等疾病症状有较大的改善。因此，葵花籽油也是非常适合中老年人群的健康油。

③玉米胚芽油。玉米油对老年性疾病如动脉硬化、糖尿病等具有积极的辅助防治作用。玉米油本身不含有胆固醇，它对于血液中胆固醇的积累具有溶解作用，故能减少对血管产生的硬化影响，同时，由于其富含天然复合维生素E，对心脏疾病、血栓性静脉炎、营养性脑软化症均有明显的辅助疗效和预防作用，可以作为中老年人日常膳食中的炒菜用油。

2. 不同人群的食盐建议

目前，我国大部分地区食用的食盐中碘盐占据了很大的比例，多数人群对从食物中摄取过多的碘是非常耐受的。但有报道说，过量摄取碘会引起甲状腺功能紊乱，诱发带有或不带有甲状腺肿大的甲状腺功能减退，及甲状腺肿瘤的发生和种类的变化。因此，在2001年，美国食品与营养协会设定了儿童及成人碘摄入量上限，见表3。

表3 不同年龄的人群每日碘摄入量

年龄（岁）	日摄入量限值（微克）
1～3	200
4～8	300
9～13	600
14～18	900
19～50	1 100

除碘盐外，随着人们对健康的不断追求，各式各样的营养加强盐产品

在市场上不断涌现，不同人群对盐摄取的种类和用量也有了更加科学的意见。

面对不同种类的营养强化盐，不同的人群可以根据自身的需求来进行选择：

①加锌盐：能促进机体免疫功能和生长发育，对儿童、妊娠期妇女、老年人和素食者有帮助。

②加钙盐：可预防缺钙所致的疾病，如儿童佝偻病和中老年人骨质疏松病。食用加钙盐，应同时多吃含磷丰富的食物，如蛋类、豆类等，并多晒太阳，以增加钙的吸收。

③加硒盐：具有抗氧化、延缓细胞老化的功能，可保护心血管和心肌，适合中老年人、心血管疾病患者等。

④加铁盐：适合婴幼儿、妇女及中老年等的补铁需求。铁是人体含量最多的一种必需微量元素，又最容易缺乏。

⑤维生素B_2盐：适合长期素食者，因为这类人可能缺乏维生素B_2，需要适当补充。

⑥低钠盐：可降低高血压、心血管疾病的风险，适合中老年人和患有高血压、心脏病的人。但低钠盐钾含量高，患有肾脏病、肾功能不全者不宜吃。

儿　童

《中国居民膳食指南（2007）》及国外相关指南中指出，婴儿在1岁以前不建议吃含食盐的食物，而应当吃原味食物。根据《中国居民膳食营养素参考摄入量》（2013年），对于6～12月大的婴儿来说，每天需要350毫克的钠。奶类及其他辅食中含有人体所需要的钠，一般情况下，正常进食的宝宝完全能够摄入足够的钠来满足生理需要。

根据最新版参考摄入量，1~3岁的幼儿每天需要700毫克钠（相当于1.8克食盐），比6~12月大的婴儿多350毫克。但通常情况下，也完全可以从食物中获取足够的钠，如奶类、主食、肉类、绿叶蔬菜、水果等。因此，在婴幼儿的喂养中，3岁之前请勿添加钠盐，这样可以让宝宝们更好地体味天然食物的味道，且可以降低日后高血压和心脑血管疾病的发病率。

4~6岁的孩子每天大约需要900毫克的钠（相当于2.3克食盐），除了食物本身含有的钠，必须通过食盐获取的那部分钠也不多，1~2克食盐足矣。6岁以上的儿童食盐量最好控制在3~5克食盐。事实上，目前我国儿童吃的食盐，很可能已经远远超过推荐的量，所以，为了孩子今后的健康，应该让孩子尽可能少地摄入食盐。

因此，无特殊情况，1岁以内的幼儿不吃盐，1到3岁的儿童也尽量少吃盐甚至不吃盐，3岁以后儿童在考虑到口味的基础上应该尽可能少地摄入食盐。

儿童食盐在种类的选择上应该结合具体的需求。例如，在成长期的儿童可以选择食用加锌盐，用以促进机体免疫功能和生长发育；患有佝偻病的儿童可以选择加钙盐，并多晒太阳，增加钙的吸收；有缺铁症状的儿童可以选择加铁盐以补充铁元素。

孕产妇

有些孕妇由于嗜好咸食，在怀孕期间对食盐摄入量并不加以控制，这样可能会增加患高血压病的风险，严重时甚至会使心脏受损。

孕妇在怀孕期间肾脏功能会有部分减退，排钠量相对减少，从而失去水电解质的平衡，容易引起血钾升高，导致心脏功能受损，引起孕期水肿。同时，孕妇在孕期还可能患有一种特殊疾病——妊娠高血压综合征，其主要症状为浮肿、高血压和蛋白尿，严重者还会伴有头痛、眼花、胸闷、晕眩等症状，甚至发生子痫而危及母婴安康。

因此，孕妇在孕期不可过度咸食，对食盐的摄入要加以控制，其食盐量应根据身体所需进行调整，但整体上来说，为了孕期保健，建议每日食盐摄入量严格限制在6克以下。

老年人及"三高"人群

食盐的摄入量与血压成正比，每日摄取盐量越多，血压水平就越高。研究显示，每日摄盐量增加1克，平均收缩压上升2毫米汞柱，舒张压上升1.7毫米汞柱。曾有调查表明，我国城乡居民平均每人每日盐摄入量达到12克，其中农村12.4克，城市10.9克，人均食盐摄入量均超出平均水平，且摄盐量高的地区高血压、脑卒中发病率明显高于摄盐量低的地区。

口味太重、吃得太咸，还容易导致主食摄入量的增加，不利于体重的控制。因此，"三高"人群的饮食宜清淡少盐，适当减少钠盐的摄入可以减少体内的水钠潴留，有助于降低血压。每日摄入食盐的量以不超过6克为宜，同时要注意减少隐性盐的摄入，如腌制食品、腊制品、酱油、海产品、火锅蘸料、快餐等都是重盐的食品，多吃健康食品。日常中，老年人及"三高"人群可以多喝荞子茶、多吃芹菜帮助降"三高"。

而在日常选购食盐时，老年人及"三高"人群可以选择低钠盐，低钠盐是以碘盐为原料，再添加了一定量的氯化钾和硫酸镁制成的盐，可以改善"三高"人群体内钠（Na^+）、钾（K^+）、镁（Mg^{2+}）的平衡状态，起到预防和辅助治疗高血压的作用。

3. 不同人群的食酱建议

酱料在人们的日常饮食中占有重要的地位，人们甚至会在烹制菜肴时使用各种酱制产品来代替食盐调味。那么,不同人群在食酱时有哪些需要注意的地方呢?

儿 童

大部分酱料,尤其是酱油中都含有钠,而摄入过多的钠会对婴儿身体产生损害。婴儿的肾脏发育尚未成熟,没有能力排除血中过多的钠,因而很容易受到钠摄入过多的损害,而这种损害很难恢复,往往会增加孩子将来患高血压的风险。而婴儿食品往往按成人的味觉定咸淡,这样可能会造成婴儿摄入盐分过多,而吃的食物过咸会导致婴幼儿不愿吃乳类,偏爱浓味的食物,从而形成挑食的习惯。

酱油中盐的含量占20%,且与食盐相比,酱油的量更不好控制。因此,儿童最好少吃酱油,1周岁以内的儿童不吃酱油,以免加重宝宝肾脏的负担;满1岁的儿童可以适当少量吃一点酱油。

孕产妇

孕妇怀孕期是需要加强营养的特殊生理时期,因为胎儿生长发育所需的所有营养素均来自母体,孕妇本身需要为分娩和分泌乳汁储备营养素,所以,保证孕妇孕期营养状况维持正常对于妊娠过程及胎儿、婴儿的发育,均有很重要的作用。孕妇在怀孕期间可能希望通过食用各类酱制品来提高食欲,在吃以下两种酱的时候有一些问题需要注意。

①豆瓣酱。豆瓣酱的营养价值很高,不过,豆瓣酱的盐分含量也较高,市售的某些产品中还加入了辣椒、香油、味精等调味品,属于经过后加工而成的非天然食品,孕妇不宜多吃。家庭自制豆瓣酱的发酵腌制初期还可能含有亚硝酸盐,需要至少经过十几天腌制发酵后,亚硝酸盐含量几乎没有的时候才可以让孕妇食用。

孕妇在食用豆瓣酱时也要注意不要吃得太辣，不要太咸，吃后要多吃些水果和蔬菜，特别注意不要吃变质的豆瓣酱。

②酱油。孕妇是可以吃酱油的，而且吃酱油不会影响宝宝的肤色，所以孕妇可以适当吃酱油。但是酱油属于加工食品，所以不能天天都吃，要注意适量，孕妇在计算盐的摄入量时要把酱油的含盐量也计算在内。

老年人及"三高"人群

日常生活中摄入的糖、蛋白质、脂肪在生物体内可以通过三羧酸循环互相转化，而随着人的年龄增长，机体的代谢能力会随之下降，相应的激素也会或多或少分泌不足，因此高血压、高血糖、高脂血症患者三者之间可谓互相关联，互相影响。

酱油中既含有氯化钠，又含有谷氨酸钠，还有苯甲酸钠，是钠的密集来源，因此，老年人及高血压、高血糖、高脂血症患者在注意食盐的摄入量时也需要控制酱油的食用量。

其他人群

肾炎患者在控制日常饮食的盐分摄入时，往往选择用无盐酱油代替食用盐。无盐酱油是以药用氯化钾、氯化铵代替钠盐，采用无盐固态发酵工艺等方法酿制而成的，含钾而不含钠，肾功能正常、尿量并不少、血钾又不高的患者是可以食用的。但是若患者肾功能较差，尿量又较少时，则应当慎用无盐酱油，这是因为钾离子是随尿液排出体外的，如果尿量少，钾排出少，则多吃无盐酱油有可能会出现高血钾症，可危及心脏，甚至抑制心脏跳动而发生意外。

痛风病人在饮食方面需要注意的事项有很多，不宜食用含有嘌呤的食物，不当的饮食甚至会诱发痛风发作，给治疗增加难度。而酱油中含有来自于大豆的嘌呤，而且很多产品为增鲜还特意加了核苷酸，所以痛风病人不宜多食酱油。

4. 不同人群的食醋建议

做凉菜加点醋，炒菜加点醋，煮汤加点醋，吃饺子蘸点醋，胃口不好还想喝点醋……醋是生活中不可或缺的调味品。可吃醋也是有讲究的，并不是人人都能随心所欲地吃醋。那么，不同人群在吃醋时有哪些需要注意的呢？

儿 童

食醋可以使儿童精力旺盛，促进体内的新陈代谢，并且减轻儿童的肾脏负担，同时，醋还可以提高食欲，帮助儿童摄取钙质，有利于吸收食物中的营养成分。

因此，建议在各年龄的儿童饮食中适当加入食醋。6个月前后是幼儿味觉发育的敏感时期，这个时候，应该让孩子接受较为丰富的食物品种，感受不同食物的滋味，尤其应注意要让孩子去品尝食物本来的味道。这样有利于建立起他们对食物的正确感知、形成良好的饮食习惯。有些家长以自己的口味来衡量孩子，认为加些醋，食物会更有味儿，其实这样做，会使孩子对食物本身的感知发生偏差，也在无形中让孩子适应了较厚重的口味，将来的饮食中偏向于对多用佐料、添加剂的口味依赖，易出现偏食、挑食现象。满1周岁的儿童，可在食物中适量加一些醋，改善食物的色、香、味，对孩子的饮食起到积极的调剂作用，但要注意控制量，少许即可。

孕产妇

孕产妇是可以吃醋的，且吃醋能够提高孕妇食欲，可以在平时养成适当吃醋的习惯。醋产品中的苹果醋对患有糖尿病的孕妇来说十分有益，在吃蔬菜沙拉的时候用苹果醋拌一下，能够有效地提高孕产妇的免疫力。但是对于孕妇来说，千万不要一下子吃很多醋，醋毕竟是有刺激性的，突然大量食用可能会导致食道灼伤。

老年人及"三高"人群

一般随着年龄增长，老年人的消化等功能开始减弱，适当地摄入酸性食物，一可以增加食欲，二还可以适当帮助消化，但一定要控制量，不要过量食醋。

老年人及"三高"人群一次吃醋不宜太多，应根据自己的体质情况，适当减少食入量，无节制地吃醋是不可取的，而且过量摄入食醋会有碍钙的代谢，因此老年人在骨折治疗期间的时候，应该避免吃醋。老年人在服用一些解表发汗中药的时候，也要避免吃醋，因为吃醋会使人的汗毛孔出现收缩现象，使药物的发汗功效不能很好地发挥。在服用磺胺类药物也应该避免吃醋，以免服用药物期间损害自身的肾小管。

其他人群

牙齿敏感或有口腔问题的人在吃醋时要格外注意。醋里的醋酸有腐蚀性，直接喝醋容易对牙齿和口腔黏膜造成损伤。因此，牙齿敏感或有口腔问题的人可以用吸管喝醋，以减少醋酸与口腔和牙齿的接触，此外，还可以用混合果汁或水将醋稀释。

有吞咽障碍的人不适合吃醋。因为食醋呈酸性，对咽喉部有不可避免的损伤，可能会加重吞咽困难的症状。

胃溃疡和胃酸过多的患者也不宜多吃醋。因为醋能促进消化液的分泌，增强胃酸的消化作用，从而加重消化性溃疡患者的腹痛症状。

痛风患者可以吃醋。因为醋的主要成分是乙酸，乙酸在进入身体后会经过一系列的反应，最终生成二氧化碳和水，并不会对血液的酸碱度造成影响。而痛风的元凶是尿酸，乙酸和尿酸并不是一回事。

（二）健康饮食

1. 怎样吃油才科学健康

随着经济的发展和人们生活水平的提高，人们对健康的认识也在不断发生变化，关于健康吃油的问题也是众说纷纭，一会儿说橄榄油是最健康的油，一会儿说椰子油是最健康的油，也有的说人应该吃植物油，荤油不能碰，到底这些说法是真是假，怎样吃食用油才科学健康呢？

（1）控制油的摄入量

中国营养学会在"中国居民平衡膳食宝塔（2016）"中提出，成人每天摄入油脂的推荐量是25克，用家里的汤勺计算，大概就是2勺半。但全国居民营养与健康调查报告显示，我国居民对食用油的摄取普遍过量，有些诸如上海、杭州、郑州、成都等大城市人均食用油的日摄取量都超过了44克，远远超过国际标准。油脂摄入过多的后果就是人群心脑血管等多种慢性疾病发生率的增加。

家庭中要控制用油量有三种方法：一是传统用油量减半；二是使用带有刻度的小油壶，这样在炒菜的时候就可以自己把控用油量；三是尽量在家里自己做饭，餐馆饭店做菜普遍用油量偏多。

带刻度的油壶

含脂肪较多的坚果

25克烹调油看似容易掌握，在生活中控制油摄入量的难点就在于"隐形油脂"。"隐形油脂"是指看不见的油，禽肉、畜肉、坚果、点心里有，有些汤品、凉拌菜里也有，摄入时要注意甄别。比如油炸食品，一根油条大概就用油1勺了，两三根油条吃进去，把1天的油量都占了。还有花生、瓜子、核桃等坚果，是大家看电视时的必备良品，但是，坚果油脂含量非常高，25克花生就等于喝了1勺油。

如果吃猪、牛、羊等畜肉，全天重量控制在100～150克，鸡、鸭、鹅等禽肉，全天控制在200～250克，最好把禽肉的皮去掉，因为禽类的脂肪主要分布在皮下。鱼类的脂肪含量比较低，不超过10%，可以多吃一点。

在油脂的控制中，多吃油肯定是不好，那么少吃油或者不吃油是不是就健康呢？

其实不然。食用油摄入过量或是不足均会破坏饮食结构，脂肪是人体的必需营养素之一，油还能够提供人体必需脂肪酸。有些女性为了瘦身而完全不吃油的做法是不可取的，吃素的人也要注意加大油脂的补充量。而且没有油很多菜肴的风味就要大打折扣，人在饮食中获得的"满足感"和"幸福感"也就少了。

坚持每天25克的油摄入量，无论是从营养成分上，还是口味、色泽、味道等方面均可以满足人们的各项需求。

(2) 重视油脂的种类和营养的搭配

　　需要明确指出的是，在满足食品质量等级的前提下，没有严格的所谓"好油""差油"的概念。事实上，不同的油由于其特殊成分以及含量对于人体具有不同的营养供给或者其他功效，在这点上说，只有相对意义上的"好油""差油"。那么，是不是融合了各种不同营养功能或者功效的油（这就是调和油的根本诉求）放在一起就达到营养或者功效均衡了呢？其实，事实远没有直接做个加法这么简单。常识告诉我们，任何营养成分只有达到一定的量才能产生相关的作用，多了也是浪费。反之，如果达不到最低摄入量，天天调和，天天无用。所以，科学的食用油消费方式，是"搭配使用，有的放矢"。总有人号称哪种高端食用油最健康，是万能油，许多人就跟风只吃这种油。其实，很少有哪种油脂能够解决所有油脂需要的问题，最好不要长期吃单一种类的油，我们在平时用油时，还是建议几种油交替搭配使用，也不妨适当搭配一些高端食用油，如橄榄油、核桃油、山茶籽油等，比如每买1 500克花生油，就要换着用500克核桃油。

　　说起油脂种类的选择，重植物油、轻动物油的消费观就不得不说一说。许多消费者认为，吃动物油易引起冠心病、糖尿病等疾病，而植物油能抑制动脉血栓形成，起到预防心血管疾病的作用，因此完全拒绝食用动物油。其实，并非所有植物油中所有的不饱和脂肪酸都是对人体有好处的，有的如果过量摄入还会造成对人体的伤害。而动物油中其实也有对心血管有益的多烯酸、脂蛋白等。因此，正确的吃法是植物油和动物油搭配使用，动物油与植物油的比例应为1：20，这样营养更加全面。

　　食用油的质量也应该十分重视。有的家庭，尤其是在相对贫穷的地区，长期食用毛油。而毛油对人体是有害的，粗制未精炼的毛油含有大量有害物质，长期食用会危害健康。

（3）使用合理的烹调方式来吃油

很多人都习惯等到锅里的油冒烟了才炒菜，这种做法是很不科学的。还有很多人以为，植物油加热至冒烟或反复加热才会产生毒素，其实不同的植物油产生毒素的温度差别很大，有的90℃，有的则要达到240℃才产生毒素，而植物油加热过程中开始产生毒素的温度值也叫做致毒点，是判断植物油是否能安全食用的分界点。但无论哪种油脂，高温长时间加热都会破坏营养成分，产生有害物质。

下表是几种常用食用油的致毒点（表4）：

表4　几种食用油的致毒温度点

植物油种类	温度（℃）
亚麻子油	90
玉米油	120
米糠油	150
花生油	180
大豆油	210
棕榈油	240

所以，烹饪时一定要学会判断油的温度：开火加热植物油，手悬于油面上方约10厘米左右处，油温一到二成热（30~60℃）时，手只有微温的感觉，将一根肉丝放入油中后无明显变化；油温三到四成热（90~120℃）时，手感觉热但不烫，肉丝入油3秒后变白，大量气泡会冒出，并伴有少量爆破声；油温五成热（150~180℃）时，手有烫的感觉，肉丝入油后1秒钟变白，并伴有大量气泡和爆破声；油温七到八成热（210~240℃）时，油面有青烟冒出，肉丝放入油中立即定型并变色，大量气泡冒出并很快消失，伴有大量

炒菜冒烟的油锅

爆破声。

在煎炸食物时，尤其应当注意油温，尽量不要超过180℃，在煎炸食物的时候应该尽量选用耐热性好的植物油或者动物油，我们提供一些常见油脂耐热性及适宜烹调方式，可供参考见表5。煎炸过一遍的油可以用来炒菜，但反复煎炸过的油最好不要食用了。

表5　不同食用油耐热性情况

食用油种类	耐热性	烹调方式	成分特点
牛油、猪油、黄油、棕榈油	+++++	油炸、爆炒、过火炒	富含饱和脂肪酸
动物油、棕榈油、花生油、米糠油、茶籽油、各种调和油	++++	干煸、煸炒、油煎、烧烤	花生油、米糠油、调和油脂肪酸比例均匀，茶籽油单不饱和酸比例高
动物油、棕榈油、花生油、精炼橄榄油、米糠油、茶籽油、各种调和油	+++	短时间炒菜、红烧、烤箱烤制	

续表

食用油种类	耐热性	烹调方式	成分特点
花生油、玉米胚油、葵花籽油、大豆油、葡萄子油等常见油脂	++	极短时间炝锅、炖菜，做各种非油炸面点等温度不超过180℃	葡萄子油虽然含不饱和脂肪酸高，但抗氧化物质较丰富
亚麻子油、紫苏子油、核桃油、芝麻油、小麦胚油、葡萄子油、未精炼的初榨橄榄油等	+	焯煮菜、蒸菜、做汤。温度不超过100℃	富含不饱和脂肪酸
亚麻子油、紫苏子油、核桃油、芝麻油、未精炼的初榨橄榄油、核桃油等	—	凉拌	富含不饱和脂肪酸

用油时，就是要既控制好"量"，又选好"质"，以科学的消费理念和合理的烹调方式来健康吃油，吃健康油！

2．怎样吃盐才科学健康

食盐是每个家庭厨房不可缺的小伙伴，有"百味之祖"的美称，如果没有食盐，我们的身体将不能维持正常状态。但如果吃盐过多又会增加Ⅱ型糖尿病、中风、心衰、肾病、肥胖等风险。食盐如此重要，那么怎么吃盐才算是科学健康呢？

（1）解除对食盐的误解

生活中很多人往往不能够科学地认识食盐，食盐误区还可能给我们的身体造成种种影响。美国《医药日报》曾刊出美国心脏协会总结出的"对食盐的7个常见误解"。

误解1：吃盐越少越健康。

吃盐太多（钠摄入过量）不利健康，但是完全避开钠盐也会对健康产生不良影响。通过食盐摄入足量的钠有助于维持身体体液平衡，有益神经及肌肉健康。摄入过少易导致低钠血症，出现软弱乏力、恶心呕吐、头痛嗜睡、肌肉痛性痉挛等症状。

误解2：海盐比食盐含钠少。

美国心脏病协会一项调查显示，61%的人认为，海盐比食盐含钠更少，但事实上，海盐与食盐的含钠量是基本相同的，约为40%。

误解3：炒菜不加盐，钠就不过量。

美国调查发现，日常饮食中，超过75%的钠来自加工食品。超市中现成的汤料包、沙拉酱、罐装或瓶装食品等都含有很多钠。食物标签上"低钠"定义为"不超过140毫克"，而"无盐"或"不加盐"也并不等于完全"无钠"。

误解4：大量的钠只存在于食物中。

除了多盐食物之外，很多非处方药也含有大量的钠。高血压人群应注意这些药物标签上的警示语。有些药物的钠含量甚至达到1天的钠摄入量上限（1 500毫克）。

误解5：盐放少了没有味道。

限制钠盐摄入量，并不等于无法享受美食。新鲜大蒜粉、洋葱粉、黑胡椒粉、醋、柠檬汁及低盐调味料同样可以让食物更加可口。

误解6：只要血压正常，吃盐不必担心。

高血压仅仅是多盐食物的一种并发症。吃盐过多会导致钠摄入过量，还会导致老年肥胖症、糖尿病和心脏病，危险更大。因此，即使血压正常人群，每天钠摄入量也应控制在1 500毫克以内。

误解7：不吃太咸的食物，就不会摄入太多钠。

熟食、面包、三明治、奶酪、罐头汤等不太咸的常见食物，也可能会含有大量的钠。

(2) 控制食盐的摄入量

每人每天需要3～5克盐才能保证机体的正常活动、维持体内正常的渗透压及酸碱平衡。而长期过量食用食盐容易导致高血压、动脉硬化、心肌梗死、中风、肾脏病和白内障的发生，因此，食盐应当适量食用，过多或过少都不利于人体健康。中国营养学会建议成年人每天食盐摄入量是6克，因此，可以在厨房中给食盐找个小伙伴——盐勺。使用标有不同克数的盐勺，帮助我们适量地取用食用盐，同时也要减少酱菜、腌菜食品以及其他咸食品的摄入量。

(3) 掌握不同烹调方式下的用盐量

人类的味觉可以感觉到咸味最低的浓度为0.1%～0.15%。感觉最舒服的食盐溶液的溶度为0.8%～1.2%。所以在制作汤类菜肴时应按0.5%～1.2%的用量来掌握如何加盐。然而在炖、煮菜肴时通常应控制在1.5%～2%的范围以内，原因是这些菜肴在食用时经常与不含盐的主食一同食用的，即下饭的菜，可以加盐量稍微大一点。

(4) 活用少盐的调味方式

想要使少盐或咸味调味品的菜变得好吃，就要注意食物的烹调方法和调味方式，在获得美味的同时保证健康。

方法一：晚放盐胜过早放盐。要达到同样的咸味，晚放盐比早放盐用的盐量少一些。

方法二：多放醋，少放糖。食品当中的味道之间有着奇妙的相互作用。比如说，少量的盐可以突出大量糖的甜味，而放1勺糖却会减轻菜的咸味。反之，酸味却可以强化咸味，多放醋就感觉不到咸味太淡。

方法三：限制含盐食品配料。除了盐和酱油之外，很多调味品和食品配料中都含有盐分，比如鸡精、豆瓣酱、黄酱、豆豉、海鲜汁、虾皮、海米等。

方法四：使用低钠调味品。使用低钠盐是家庭中减少摄盐量的最简单方法，可以在几乎不影响咸味感觉的同时，轻轻松松地把摄盐量降低，同时有效增加了钾摄入量。

方法五：购买加工食品时看看钠含量。仔细阅读产品包装上的营养成分表，找到那些美味同样浓郁、含钠量却比较低的加工产品。

3. 怎样吃酱才科学健康

酱制品是我们日常餐桌上常见的食品，酱油更是不可缺少的生活佐料，因此，在日常饮食中也应对酱制品的食用有一个正确的把握，做到科学健康食用酱制品。

(1) 正确处理酱与盐之间的关系

大部分酱的共同特点就是盐分较高。对于日常饮食中盐分已经大大超标的人群来说，每天摄入额外的酱类食品，无形中会增加钠的摄入，因此，已经用酱类入菜调味时，不建议再添加其他含钠高的调味品，如食盐、鸡精等。日常饮食中也不建议较高频率地食用酱类，偶尔少量食用更妥当。

(2) 合理搭配与酱同食的食物，保证营养均衡

在酱类食品作为主要调味料制作拌饭、面，或用于夹馍、夹饼时，一定注意蔬菜、蛋类、肉类等其他多种食物种类的合理搭配，避免营养单一。

食用较多酱类食品时，要注意多食用生蒜，以起到杀菌抑菌的作用，并多食用富含抗氧化物质和膳食纤维的深色蔬菜水果，以减少酱类食物中

有可能在人体内不断产生的自由基。

(3) 避免酱制品在开封之后被污染

酱类食物在食用中,要注意用干净的餐具取用,含入菜酱料或炸肉酱等食物应尽快食用完,不要保存时间太长,避免或减少亚硝胺的产生,或被其他食物或杂菌污染。酱制品往往不能一次性用完,因此建议购买小包装产品或分装储存,以减少污染概率,使用后尽快密封冷藏,保证其食用安全。

(4) 了解酱油等酱制品的正确烹调方法

首先,要掌握好酱油的入菜时间。好酱油是自然发酵而成,含有氨基酸及丰富的风味物质,加热后虽然可增加香气,但过度加热会使养分发生反应或者挥发而损失,使菜肴颜色变深。因此烧鱼、烧肉时,酱油要早点加;炒青菜等一般的炒菜,最好在菜肴即将出锅前加,避免锅内的高温破坏氨基酸或酱油中的糖分被焦化变酸;红烧类菜品可使用高压锅避免大火过度加热。

其次,不要混用凉拌酱油和烹饪酱油。两者的卫生指标不同,其中烹饪用的酱油不能直接入口,只能用于烹饪炒菜用,其细菌总数比凉拌酱油略高,如果长期把烹饪酱油当凉拌酱油用,会增加患胃肠炎等疾病的风险。

4. 怎样吃醋才科学健康

在广大老百姓心中,醋既可以开胃消食,又能入药治病,还能保健养生,益处良多,那么,如何才能实现科学健康地吃醋呢?

(1) 正确认识醋的功效，理智食醋

虽然坊间有很多关于醋和醋泡食物的传闻，声称其具有降血压、降血脂、软化血管、防治糖尿病、防癌抗癌等神奇效果，但都没有扩大到临床试验，根本不能作为"有效"的证据，那么，醋已被证实的好处到底有多少呢？

第一，醋可以提味。烹制食物时加点醋，不但可以保护食物中的维生素B_1、维生素B_2和维生素C不被破坏，还能起到护色、增加蔬菜爽脆感的作用；另外，醋酸与醇类发生酯化反应的产物，还能给菜肴增香提味。

第二，醋可以增进食欲。醋能够刺激胃酸的分泌，从而达到促进消化的目的，特别是对一些食欲不佳的人有较好的开胃作用。

第三，醋能减少盐的摄入。在烹调时，在菜里加一些醋来代替盐，可以提升食物的美味，又不会觉得咸，而且也更健康。

第四，醋还具有杀菌的作用。食醋中含有3%～5%的醋酸成分，可以在一定程度上抑制多种病菌的生长和繁殖，因此建议在凉拌菜时加入适量的醋。

第五，醋还能够去腥解腻。在烹调一些腥味较重的原料时可以提前用醋浸渍，可以去除一些表面附着的油脂。

第六，醋也能帮助稳定血糖。醋可以延缓餐后的血糖反应，从而避免因为餐后血糖水平过高而促进脂肪合成。如果餐后血糖水平控制得好，吃同样多的主食就不容易发胖，而且餐后不容易困倦，体能感觉更好。

消费者应当对醋的功效有一个客观的认识，大可不必为了追求这些虚无缥缈的效果拼命吃醋或喝醋。

(2) 把握自身的食醋体质

每个人体质不同，吃醋过敏的人，尽管这类人很少，但还是存在的。过敏的原因有两种：一种可能是对乙酸过敏，另一种可能是对醋中含有的加工过程中残留的成分有关。醋过敏的症状和一般过敏大致相同，会出现瘙痒、水肿、哮喘等症状。一旦发现过敏，应尽可能避免接触和食用所有类型的醋。

（3）掌握食醋时的注意事项

首先，要注意食醋的摄入量。喝醋虽好，但一定要适量，如果以喝含糖量高的果醋取代开水、茶等饮料，会导致机体额外增加不少热量，长期饮用，肥胖机会大增，不利于控制体重。而醋酸浓度高的食醋喝多了也会影响胃酸的分泌，加重一些烧心和胃炎的症状。每天的醋摄入以不超过30毫升为宜。

其次，要注意吃醋的时间。在每餐之间不要空腹吃醋，空腹吃醋容易导致烧心或腹痛的症状，可等到饭后1小时后再喝醋。

再次，最好在吃醋后及时漱口或刷牙。无论是普通的食用醋还是苹果醋，里面所含的醋酸使得它们具有腐蚀性，容易对口腔和牙齿造成损伤。

最后，了解食醋禁忌。醋酸可以改变局部的酸碱度，可能会影响某些药物的功能和吸收，如果正在服磺胺类药物、碳酸氢钠、氧化镁、胃舒平等碱性药，则不宜吃醋。有其他药物需要服用时也要注意，一定不要和醋酸同时吃，最好能间隔半小时以上。

（三）　花样吃法

1．香油梨丝拌萝卜

　　香油梨丝拌萝卜将梨和萝卜作为主要原料，以芝麻香油凉拌调味，清新爽口，将具有清热润肺及化痰止咳作用的梨丝、萝卜丝、香油有机结合到一起，起到良好的食疗作用。

原料　　白萝卜250克，梨100克，生姜3克，葱末少许，香油10克，精盐适量，味精少许。

做法 ①将梨去皮，去核，切成丝；姜切成末。

②将萝卜切成丝，在沸水中焯一下，沥干水分摊凉。

③加入梨丝、姜丝、香油、精盐、葱末、味精，拌匀即可。

2. 麻油酸奶水果沙拉

酸奶水果沙拉制作方法简便，在女性中一直广受欢迎。这款沙拉既补充机体维生素，又能够促进胃肠道健康。而在酸奶水果沙拉中加入麻油，可以使沙拉颜色更加漂亮，香味更加浓郁，促进人的食欲，还能够起到预防乳腺癌的作用。

原料 麻油5克，酸奶200毫升，水果适量。

①将水果切为小块。

②滴入麻油，浇上酸奶，拌匀即可食用。

橄榄油浸香蒜
扫一扫，了解更多吃的科学

3. 橄榄油浸香蒜

橄榄油浸香蒜是意大利家喻户晓的一道美味调料，有开胃健脾的功效，老百姓在家中不妨尝试一下这道菜肴，其制作方法并不复杂，同时还为我们提供了橄榄油的一种独特食用方法。做好的橄榄油浸香蒜如果放在冰箱里存放，保质期可达3个月，可以用于制作沙拉、土豆类的菜式、酱料、比萨和烩饭等。

原料　蒜15瓣，迷迭香25克，百里香20克，橄榄油300毫升。

做法　①将大蒜剥去皮，迷迭香和百里香洗净晾干备用。

②把大蒜与迷迭香、百里香一起放入小煎锅中，加入橄榄油，小火煎煮20分钟，待蒜变浅黄柔软后关火，静置冷却。

③将蒜瓣和橄榄油倒入一个盖子能拧紧的玻璃瓶中，确保油完全浸过蒜瓣，拧紧盖子。约半个月后可食用。

4. 羊油鸡蛋面

　　羊油的烹调在日常饮食中比较少见。其实，羊油十分适合用来煮面，用之可使汤汁醇厚香浓。羊油鸡蛋面能够滋补散寒，同时还具有辅助调节产后乳少的功能，适宜在冬季时制作食用。

原料　羊油50克，面条100克，鸡蛋1个，料酒10毫升，姜、蒜、葱末各10克，食盐3克。

做法　①羊油放入锅中慢慢煸香。

②加入姜蒜末炒香，放入少许料酒、然后打入鸡蛋。

③开锅后下入面条，面条煮好后加入盐，起锅前加入葱末，也可放入爱吃的蔬菜。

5. 茶油香蕉巧克力蛋糕

茶油作为蛋糕烘烤用油时可以使蛋糕本身口感更加丰富，气味更为甜香。茶油香蕉巧克力蛋糕的营养丰富，还具有清热、润肠、解毒、促消化、养颜明目、提高记忆力等作用，十分适合喜爱甜食的女性或孩童。

原料　茶油60克，白砂糖60克，蛋2只（蛋液约100克），低筋面粉100克，泡打粉1克，提前混合均匀过筛。香蕉泥150克，黑巧克力50克，香蕉半根切成5毫米厚片。

①将茶油、白砂糖、蛋液拌匀至糖融化。

②加入低筋面粉和泡打粉，稍微拌一拌，加入香蕉泥及黑巧克力，稍微拌匀。

③面糊倒入模具，上面摆一两片香蕉；烤箱预热180℃，烤制20分钟即可。

6. 家庭自制豆瓣酱

　　每年夏天入伏，就会有一些家庭打开酱缸，开始制作豆瓣酱这一传统调味品。在烹饪时加入豆瓣酱可使菜品更加鲜美，且豆瓣酱中富含优质蛋白质和亚油酸、亚麻酸等，营养价值较高。

原料 黄豆、面粉、红辣椒、生姜、大蒜、白酒、盐、西瓜各适量。

做法 ①将黄豆用水泡涨，然后用高压锅或电炖锅煮烂，沥干水分，放在木板或竹帘上摊凉。

②摊凉后的黄豆直接拌入干面粉，使豆瓣全沾上面粉，摊平到0.5~2厘米的厚度，盖上白纸任其发酵。

③豆瓣一般2~3天后就发毛了，一般豆子真正发透毛要1个星期左右，毛色有白毛、黄毛，还有黑毛。其中，数白毛和黄毛的最好，如是黑毛就是温度太高的缘故。如果气温低，可用被子盖，有毛就可以掀掉，任其发透毛。趁天晴晒发毛的豆瓣，晒得越干越好，放在瓶中备用。

④将红辣椒、生姜、大蒜清洗，晾干，切细，放在大盆里，加入干豆瓣、西瓜、少许白酒和盐一起拌匀（500克豆瓣50克盐），装在玻璃瓶里，压紧豆瓣，旋紧瓶盖，在常温下密封数月即可。

7. 酱香饼

　　酱香饼是一道中国特色传统美食，在消费者中广受欢迎，以香、甜、辣、脆为主要特点，刚出锅的酱香饼往往香中带甜，甜中带绵，辣而不燥，外脆里软，口感独特。酱香饼既可作为主食，又可作为小吃，闲暇在家时可以做上一锅，一饱口福。

原料　面粉300克，郫县豆瓣酱10克，海鲜酱10克，甜面酱10克，蒜蓉辣酱10克，温水200毫升，孜然粉1汤匙，熟芝麻粉1汤匙，花椒10粒，大料1个，食用油、花椒粉、熟白芝麻、白砂糖、小葱花适量。

做法　①把面粉放入盆中，加入温水，用筷子搅拌，揉成面团后，静置半个小时。

②把郫县豆瓣酱切碎，海鲜酱、甜面酱、蒜蓉辣酱备用。

③炒锅中放油，小火，放入大料和花椒炸香捞出，留油。倒入切好的郫县豆瓣酱炒出红油，放入海鲜酱、甜面酱和蒜蓉辣酱炒香，加入半碗水、白砂糖、孜然粉、熟芝麻粉，烧开，翻炒几下，关火出锅，酱料就做好了。

④饧好的面团分为两份，喜欢吃特别薄的也可以分为3份。擀成比较薄的片，刷一层油，撒上花椒粉。

⑤切成连着的九宫格。

⑥一片压一片，折叠在一起。然后擀成饼状。

⑦电饼铛预热，倒入适量油烧热，把饼放进去烙至两面金黄。刷上一层酱料，撒上白芝麻和葱花，酱香饼就做好了。

8. 酱萝卜

　　酱萝卜制作方法简便，口感爽脆，具有开胃消食、去腻、清肠排毒的作用，不失为一道健康美味的特色酱菜。

原料　白萝卜半根（约500克），盐15克，白砂糖15克，白醋10毫升，生抽50毫升，凉开水适量。

做法　①将白萝卜切成片，准备15克盐，分几次均匀地撒在萝卜上。

　　②找一大碗，在碗底铺上一层萝卜片，撒上几克盐.撒好盐后盖上两层萝卜片。

　　③均匀地撒上盐，再盖上两层萝卜片，反复这个过程，直到萝卜片全铺好。将所有的萝卜片盖好后静置15分钟。15分钟后，将腌制出来的水倒掉。

　　④加上1大勺白砂糖，用筷子或者用手抓匀，再腌制15分钟。15分钟后，再次将腌制出来的水倒掉，反复两次。

　　⑤将腌制好的萝卜片用凉开水清洗一遍，挤去水分。

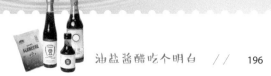

⑥在洗干净的萝卜片中加入4大勺生抽（约50毫升），大半勺白醋（10毫升），1小碗凉开水（200毫升）。

⑦拌匀后盖上保鲜膜。入冰箱冷藏2天即可食用。

扫一扫，了解更多吃的科学

9.酱黄豆

酱黄豆是一道家常卤酱菜，老少皆宜，其制作方法简单，口感咸鲜绵软，酱香浓郁，最适合作为搭配粥食或汤食的小吃。

原料 黄豆、老抽、白砂糖、花椒、大料、姜片、红辣椒各适量。

做法 ①黄豆洗净，在清水里泡1个晚上。

②锅里添水，把泡好的黄豆倒进去，放入老抽、白砂糖、花椒和大料，还可以放几片姜片和红辣椒。

③大火烧开，转为小火，煮到黄豆软硬度适度，汤汁收干就可以了。想要省事可以用高压锅煮，基本"哧哧"冒气后5分钟就可以了，豆子煮时间太长太软烂就不好吃了。

10．味噌汤

味噌汤是以鲷鱼、白萝卜、胡萝卜、鱼骨、味噌等材料制作而成的一道日本饮食特色料理，具有防癌、抗衰老、改善贫血病、护肝利尿的功效，有日本"国汤"之称。如果想要领略一下日本的饮食文化，不妨在家中尝试煮上一锅味噌汤。

 鲷鱼、鱼骨、味噌、白萝卜、胡萝卜、白砂糖、葱末、味精各适量。

 ①将鲷鱼（或其他新鲜鱼骨）切块，入开水余烫捞出，再用清水洗净。

②把白萝卜、胡萝卜分别洗净，均切成细丝；锅内入水1/3杯烧开后将萝卜丝煮软。

③续入鱼骨煮开，去除泡沫；将味噌、白砂糖、味精置小漏勺内，以木棍（或汤匙）拌匀，立即熄火盛碗，撒上葱末即成。

做法
二

原料 嫩海带、味噌、北豆腐（或油豆腐）、柴鱼片、葱末各适量。

做法 ①豆腐切小丁（或油豆腐切条），嫩海带事先泡水10分钟，弃水沥干待用，葱末少许备用。

②将适量的水中加入柴鱼片烧出鲜味后，滤去柴鱼，汤水留用。

③将豆腐或者油豆腐放进柴鱼汤水里煮开，随之加入嫩海带，尝试汤水的咸淡度，关火；用2匙开水将适量味噌充分溶解后加入到汤中，搅拌均匀，撒葱末即可。

11. 大酱汤

　　大酱汤源自朝鲜半岛，历史悠久，在韩国是一道上至总统，下至平民百姓的日常餐桌上必不可少的传统菜品。其做法变化繁多，可以根据个人口味随心改变，且低脂肪，只含很少的热量，有助于控制体重，在年轻男女中颇受欢迎。

做法一

原料 韩式大酱、豆腐、蘑菇、金针菇、牛肉片各适量。

做法 ①豆腐切块，蘑菇和金针菇洗净沥干。
②将牛肉片在沸水中快速焯一下后取出。
③锅中注入清水，放入大酱，中小火将大酱融化，其间不断搅拌。
④水开后放入豆腐，小火煮5分钟，放入蘑菇继续小火煮一会儿，最后倒入牛肉片和金针菇，大火煮开后立即关火。

做法二

原料 牛肉、土豆、西葫芦、香菇、豆腐、韩式大酱、辣酱、辣椒、洋葱、葱蒜末各适量。

做法 ①取韩式石锅1只，加水烧开后，加土豆、西葫芦、香菇、豆腐。
②牛肉切片炸一下，把所有材料下到锅里，加所需调料，最后放易熟的洋葱，辣椒，葱蒜末等出锅。

小提示 大酱的量根据口味添加，不用再加盐。先快速焯一下牛肉片是为了让其焯出血水，不介意的话可省掉这一步；食材可随意选择，喜欢吃什么就放什么。

原料 黄豆酱、韩式辣酱、五花肉（或牛肉）、豆腐、文蛤、西葫芦、胡萝卜、土豆、洋葱、南瓜、青辣椒及红辣椒、大葱、生姜、食用油、盐、淘米水各适量。

做法 ①先把文蛤泡在盐水里后放在暗处3～4小时，使其吐出烂泥，然后再洗干净，五花肉（或牛肉）切得很细，放适当的韩式辣酱后搅拌，将胡萝卜、西葫芦、生姜切片，豆腐切成0.3厘米的厚度，3～4厘米的大小，南瓜切成0.3厘米的厚度后，切成4瓣，洋葱、土豆切块，青红辣椒去掉辣椒子切段，大葱切段备用。

②石锅中倒入淘米水，加入黄豆酱搅拌均匀，置于火上，煮至沸腾。

③炒锅中倒入少量食用油，下五花肉（或牛肉）翻炒，再依次加入姜片、大葱、青辣椒及红辣椒以及其他蔬菜，加少量盐调味，翻炒均匀。

④将炒好的食材全部放入煮沸的石锅中，在锅里倒4杯水和洗干净的文蛤同煮，将锅内食材搅拌均匀。

⑤待石锅中食材再次煮沸时加入韩式辣酱，搅拌均匀后小火煮5分钟即可。

12．水波蛋

水波蛋含有丰富的卵磷脂、甘油三酯、胆固醇和卵黄素，对神经的发育有重要作用，有增强记忆力、健脑益智的功效。制作水波蛋时，白醋的加入可以让蛋白尽快凝固，这样蛋白可以包裹住蛋黄，整个鸡蛋才不至于煮散掉。

原料　鸡蛋、白醋。

做法　①等待水开后，往水中加1/6左右的白醋，用筷子不断搅拌，打出一个漩涡，然后关火。

②将鸡蛋打入锅内，注意要贴近水面，顺着漩涡倒进水中，利用余温使鸡蛋凝固成型，约3分钟，蛋白成型。

③蛋白成型后开火加热1分钟即可捞出鸡蛋，最后轻轻冲掉表面的白醋即可。

13. 自制寿司醋

很多人喜欢在家中制作寿司，而寿司醋是食用各类寿司的必备调味料，自制寿司醋的原料易得，做法简便、快捷，具有除腥去腻、醒脑提神、促进钙吸收的作用。

自制寿司醋
扫一扫，了解更多吃的科学

原料　白醋100毫升，白砂糖50克，盐10克。

做法　①把各原料倒入碗里混合均匀，盖上保鲜膜，放入微波炉中火加热。具体时间根据自家微波炉功率而定。

②待糖和盐充分溶解于醋时取出，放置到室温后再装入密闭容器，贮存于阴凉处。

14．大拌菜

　　大拌菜具体食材可根据家中蔬果种类自由选择，其中的多种食用油可以补充人体各类脂肪酸，各式蔬菜可以补充人体多种维生素，清热利火，营养丰富，是四季均可食用的美味凉拌菜品。

【原料】各类蔬菜适量，炸花生米适量，麻油1匙，盐1/2匙，糖2匙，酱油1匙，醋2匙，芥末油1～2滴，白芝麻适量，干红椒2枚，橄榄油1匙。

【做法】①将各类蔬菜洗净撕成小叶混合在一起，放在容器中备用。

②将麻油、盐、糖、酱油、醋、芥末油、白芝麻混合调成调味汁，淋在蔬菜上。

③干红椒切小段，放在蔬菜表面，炒锅放入1匙橄榄油烧热，趁热淋在蔬菜表面，撒上炸花生米，即可拌匀食用。

四、

热知识、冷知识

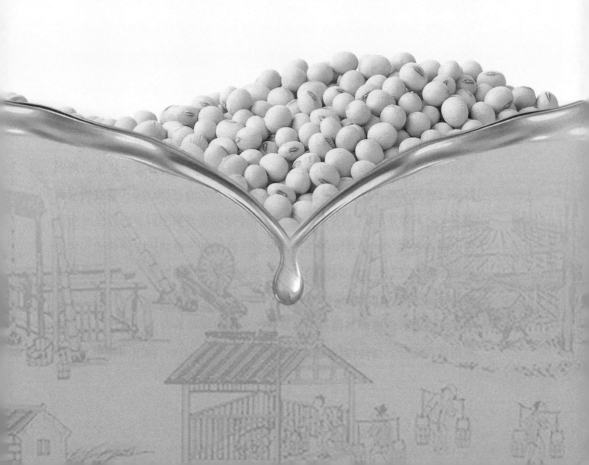

1. 什么是地沟油

地沟油实际上是一个泛指的概念，是人们在生活中对于各类劣质油的统称。地沟油对人体危害极大，长期食用可能会引发癌症。

地沟油可分为三类：一是狭义的地沟油，即将下水道中的油腻漂浮物或者将宾馆、酒楼的剩饭、剩菜（通称泔水）经过简单加工、提炼出的油；二是劣质猪肉、猪内脏、猪皮加工以及提炼后产出的油；三是用于油炸食品的油使用次数超过一定次数后，再被重复使用或往其中添加一些新油后重新使用的油。

消费者应当掌握油质好坏的简单鉴别方法（可参考前述章节），并且尽量不要到没有食品质量安全保证的早点摊、炒面炒饭摊、烧烤摊等路边摊就餐。

2. 颜色越浅的油越好吗

油料不同，油的颜色不同。拿花生油为例，某些高品质的花生油，其颜色看上去要比其他一些种类的食用植物油略深。其很大一部分原因在于，在原料上，这些高品质的花生油选取了红衣花生作为纯粹的榨油原料，例如山东的红衣大花生，油料相同，加工工艺不同，颜色也不同。超市里常见的食用油，在其加工过程中，要经过几道程序，要脱蜡，脱色，脱胶等，颜色很浅的食用油其实是加工过程中精炼的，但精炼的一大缺点就是在脱掉杂质的同时，也将油料中的营养元素给脱掉了。有的油因为采用的是物理压榨法，由第一道初榨而成，没有经过精炼，因此油的颜色看上去略深。不同种类的油因原料不同不能单纯用颜色来辨别油质的好坏。但如果是同一种油料榨出的油，并且用同一种方法进行加工，那么"同一种油，颜色越浅，品质越好"，基本上就是正确的。

各种颜色的油

消费者在选购食用油的时候要区分颜色和透明度这两个标准。颜色深浅度不能作为食用油品质判断的标准，而透明度则比较容易掌握，一般高品质食用油透明度好，无浑浊。

3. 吃棉籽油会导致不育是真的吗

棉籽油是以棉花籽为原料榨的油，颜色较其他油深红。粗制棉籽油含有一种叫做棉酚的含酚毒苷。动物实验证明，棉酚能够使生精细胞发生凋亡、抑制黄体产生孕酮及损害精子，使动物生育能力下降，对肝、血管、肠道及神经系统也有较大毒性。

国家卫生标准要求，油脂中棉酚含量应小于0.02%。当棉油中的棉酚含量不高于0.02%时对人体是没有影响的。而成品棉籽油是经处理，符合国家标准成品油质量指标和卫生要求的，可以直接供人类食用的棉籽油。

因此，脱除棉酚的精制棉籽油是可以食用的，且棉籽油棉清油中含有大量人体必需的脂肪酸，最宜与动物脂肪混合食用。

4. 如何识别掺假花生油

纯净的花生油，澄清透明，油花泡沫多，泡色洁白，有时大泡沫周围附有许多小泡沫，而且不易消失，嗅之有花生油固有的香味。花生油的质量鉴别可参考本书第二章，在此特介绍几种花生油掺假的简单的感官识别方法：

①掺棉籽油。取油样100克左右倒于磨口瓶中，加盖后剧烈震荡，瓶中如是纯花生油会出现大量的白色泡沫，而且油花大，不易消失；如果泡沫少，油花小，经二次轻微震荡，泡沫消失明显，则有可能掺入棉籽油。此时，从瓶中取出1～2滴放在手掌中快速摩擦后闻其气味，如果带有碱味和棉籽油味，即证明掺有精炼棉籽油。

②掺豆油或菜籽油。取油样少许，放入碗中，摇晃油花出现微黄并挂黄（碗壁上有黄色）现象时，再取油样1～2滴放在手掌心中快速摩擦闻其气味，如果有轻微鱼腥味（豆腥味），证明掺有豆油；如果有辛辣味（芥子味）证明掺有菜籽油。

③掺入熟地瓜、地瓜面、滑石粉等有机物质。取油样3～5滴放在手掌中，用右手指研磨，如果有颗粒状物质或在阳光直射下，发现有不溶解固体和胶状痕迹可初步判断掺有非食用油类物质。另外，可取油样250克左右，在铁勺内加热至150～160℃，稍静置沉淀后取清油。将沉淀物倒在已

燃烧至发红色的铁片上冷却，如果遗留物是坚硬的粉末，即证明掺有滑石粉、白土或其他无机物质。

④掺机油。如果掺有少量机油，花生油气味和滋味变化不明显，可取油样3~5滴，滴于烧至暗红色的铁片上，嗅其是否有机油气味。

⑤掺水花生油。可用铁勺取油样100克左右，加热至100~160℃，如果出现大量泡沫，伴有水蒸气徐徐上升，同时发出"吱吱"响声，则含水量一般在0.2%以上；如果有泡沫，但很稳定，也没有任何响声，一般水分小，在0.1%左右。

另外，各种植物油都有固有的气味，必须掌握它的特性。如棉籽油有独特的腥味，菜籽油挂黄并有芥子油味，大豆油有明显的豆油腥味等。只有这样才能真正识别掺假的花生油。

5．吃碘盐可以防辐射吗

有人说碘盐能防核辐射，这是真的吗？

我国目前食用的盐中碘含量的平均水平（以碘元素计）为20~30毫克/千克，碘确实具有保护甲状腺不受放射尘中碘131的侵害的功能，但碘盐中的碘含量对于要发挥这种防辐射功能来说是远远不够的。东京观测到的最大辐射量有0.8毫西弗（mSv），在福岛1号机组附近平均有24毫西弗，也就是说如果我们要靠吃碘盐来防辐射的话，每天需要吃2 000克的碘盐才能抗辐射，而我们去医院做一次胸透，它放射出来的剂量是20~30毫西弗，有谁做完胸透后医生交代的医嘱是回去多吃几千克盐的呢？

受到辐射后应该在医嘱下服用碘片，这是一种可以防止碘131辐射的药物，但只是针对放射性碘和甲状腺，对其他的放射性物质和身体的其他器官都是没有作用的，而服用过量的碘则会对人体造成损害。

疯抢碘盐

6.甲状腺健康与碘盐有什么联系呢

　　碘是人体新陈代谢和生长发育必需的微量营养素，是人体合成甲状腺激素的主要原料，甲状腺激素参与蛋白质、脂肪、碳水化合物与能量代谢，促进生长发育，尤其是大脑的生长发育。如果出现碘缺乏，会导致一系列疾病发生。碘缺乏病是人体因碘摄入不足而发生的一系列疾病的总称，其中常见的包括地方性甲状腺肿和克汀病等。如果妊娠期或哺乳期严重碘缺乏，会导致胎儿与新生儿严重缺碘，引起小儿生长发育损伤，尤其表现在神经与肌肉上，而且认知能力低下。其中最为严重的是小儿克汀病（呆小病），患儿表现为生长停滞、发育不全、智力低下、身材矮小等。成人碘缺乏时，甲状腺素合成、分泌不足，垂体促甲状腺激素代偿性分泌增多，刺激甲状腺增生、肥大，出现甲状腺肿（俗称大脖子病）。

　　有许多人认为只要从饮水和食物中就能获取足够多的碘，这是错误的，碘是必需微量元素，只能从自然界摄取。虽然海产品中海带、紫菜、淡菜、蚶干、蛤干、干贝、海参、海蜇等都含有人体所需要的碘，但除了海带和紫菜的含碘量高，其他海产品含碘量都不是很高，且食用的普遍性和摄入量都不足以满足人体对碘的需求，加碘盐才是目前人群饮食中碘的主要来源。除了长期生活在高碘地区的人群、患有甲状腺疾病（如甲亢）的人群应该食用无碘食盐外，其他人群还是要坚持食用碘盐，所以请不要视碘盐如洪水猛兽，盲目选择无碘盐是不正确的。

人体也排出碘，其中有90%通过尿液，少部分通过大便排出体外，还有极少数是从汗液、呼吸、母乳排出，所以每天需要适量摄取。不仅如此，碘缺乏多数是因为环境缺碘引起的，我国多数地区均属于程度不同的缺碘地区，从而导致食物与水中缺碘。因此，缺碘地区人群、孕妇、乳母、婴幼儿、不吃碘盐的人容易缺碘，妊娠期和哺乳期妇女对碘的需要量明显多于普通人群，需要及时补充适量的碘。

我国政府立法推行碘化食盐防治碘缺乏性疾病（IDD）已十余年。在各级卫生行政部门和IDD防治人员的共同努力之下，随着经济的发展和生活水平的提高，我国人民的碘摄入量已经明显增加。这项工作对于中华民族的人口素质提高发挥的作用是不可估量的。

近期也有加碘盐导致甲状腺疾病高发的说法，加碘盐会不会造成甲状腺疾病高发，目前还没有明确结论，同样，也没有直接证据表明食用碘盐或碘摄入量增加与甲状腺癌的发生相关。但中国部分地区尤其是北方地区人群还是严重缺碘的，特别是在新疆、甘肃、青海等地区碘缺乏病高发，加碘盐对于消除碘缺乏病是有很大贡献的。

7. 海藻碘盐和普通加碘盐有什么区别

海藻碘是以天然生物海藻为原料，经过酶解、提取、纯化、浓缩等高科技工艺生产的新一代碘补充剂，它含有有机碘，而有机碘的人体吸收率高，大概为无机碘的2～3倍。海藻碘热稳定性优异，比碘化钾稳定，在食盐中添加的产品保质期长。

海藻加碘盐

目前市场上还有一种产品叫海藻加碘盐，该产品的名字虽然也有"海藻"两字，但其只是添加了海藻调味液。海藻调味液虽然也有海藻成分，但没有经过碘的提取工艺，所以其几乎不含碘成分。这类海藻加碘盐为达到碘强化的目的，添加的是碘化钾或碘酸钾成分，在营养性和安全性等方面并不等同于海藻碘盐。

8. 怎样预防盐结块现象

买回家的食盐，打开使用一段时间以后总会有不同程度的结块现象出现，炒菜的时候可能会因为盐没有充分融化，而吃到块状的食盐，造成口感不好。那么，食用盐为什么会结块呢？

食盐打开包装后，在厨房中吸收了空气中的水分会引起结块。我国现在销售的食盐，均为精制盐，由于其颗粒较小，容易结块，所以国家规定在食盐中适当添加抗结剂，也叫疏松剂或者是流动剂。《GB5461—2016中华人民共和国国家标准食用盐》中规定，精制盐的抗结剂不能超过0.01克／千克，即十万分之一的添加上限。购买的食盐，偶然出现结块的现象是十分正常的，不影响食盐的质量，可以放心食用。

为了预防食盐结块，可以采用以下两个方法：

①将打开后的食盐放在密闭、干燥的容器里。

②在食盐中加入炒米：将家里的大米煸炒至微黄色，用纱布包起来放入盐罐中，然后使劲晃动盐罐，就能让结块的食盐再次松散。

9. 常听广告中说竹盐有"减肥""排毒""消水肿"等神奇功效，是真的吗

对于目前流行的竹盐宣称的很多功效，尚未有明确研究结果表明，竹盐功效与"减肥""排毒""消水肿"等有关。

许多"竹盐减肥"的"秘诀"里，都提到每天早上喝1杯"竹盐水"。但目前已有科学家为我们证实，竹盐的主要成分还是盐——而现代科学公认摄入过多的盐会增加高血压的风险，也不利于减肥。一般认为，人体每天的食盐摄入量不应该超过6克，而多数人的正常饮食中，往往已经超过了这个量。那么这1杯"竹盐水"其实是在额外地增加了我们摄入的食盐量。

而竹盐广告中所宣称的"预防水肿"的理论依据在科学上也是根本站不住脚的。

宣传竹盐神效的广告喜欢说在高温下这些物质相互反应，生成了新的"神奇"的物质。按照化学理论，在烘烤这样的反应条件下，竹子、黄土和松柏含有的有机物早就分解成各种无机物了，且矿物质种类不会发生变化。即使重新固化以后以不同的形式结合，在人体内也会重新离解成单个离子，

跟未经高温烘烤的混合物没有差别。至于用竹盐按摩时身体发热，是因为在按摩时手在身体上摩擦而发热，并不是广告上说的正在排毒。

10. 吃酱油致癌是真的吗

网上曾经流传几种关于"酱油致癌"的说法，说因为酱油中含有的亚硝酸盐以及4-甲基咪唑会导致癌症，人如果吃了长期放置的酱油之后也会致癌，引起了公众的恐慌，那么这种说法是正确的吗？

一般而言，人体只要摄入0.2~0.5克的亚硝酸盐，就会引起中毒，摄入3克即可致死。而酱油中仅含有微量的亚硝酸盐，且可以随人体代谢排出体外，不至于致癌。亚硝胺是世界公认的致癌物，可引起肝脏、食管等器官发生癌肿，如果想要降低亚硝胺导致癌症发生的可能性，有效地预防亚硝酸盐形成，可以从多食阻断亚硝胺形成的食物入手，如各种维生素，特别是维生素C对阻断形成亚硝胺有重大作用。此外，大蒜、洋葱、茶叶（无论红茶或绿茶、花茶）都有阻断酱油中亚硝化产生致突变性的作用，从而减少癌症发生的可能。

酱油从外观上看都是黑褐色的，这个黑褐色主要来自焦糖色素，而焦糖色素有天然的和人工合成的两个来源，人工合成的焦糖色素在制作工艺中会出现一种副产物，也就是4-甲基咪唑。但是，欧洲食品安全局在2011年对焦糖色素的安全性进行的审查结论是：焦糖色素中的4-甲基咪唑"不是问题"，没有足够证据显示其会使人得癌症，目前只有一些动物实验发现致癌风险，在人群上没有证据。按照目前的检测数据，人们每天从酱油摄入的4-甲基咪唑量也是完全符合国际相关规定和各国法定标准的，消费者正常饮食无须担心。

11. 怎样挑选最适合的酱油

(1) 选择"氨基酸态氮"含量高的

酱油的核心品质取决于一项叫做"氨基酸态氮"的指标，一般来说，这个数值越高，产品鲜味越浓，品质越好。按照国家标准，这项指标必须在酱油产品标签上注明。合格酱油的氨基酸态氮最低不得低

怎样挑选最适合的酱油
扫一扫，了解更多吃的科学

于每100毫升0.4克，特级酱油的能达到每100毫升0.8克，某些酱油甚至达到1.2克/100毫升。需要注意的是，目前很多酱油产品都添加了味精和核苷酸类增鲜剂，因为味精属于氨基酸类，所以这种产品的氨基酸态氮也特别高，消费者在选择时要注意。

(2) 选择"酿造"酱油

按照国家标准，酱油产品需在标签上注明是"酿造"酱油，还是"配制"酱油。前者是用大豆加工品为原料经发酵制成，含有氨基酸、钾、维生素B_1、维生素B_2等营养成分；后者是用"水解蛋白液"调味后制成，有时也混入一些酿造酱油，这种制作方法速度快，成本低，但是所生产的酱油品质差，营养低。

(3) 分清"佐餐"和"烹调"

按照国家标准，酱油产品还要在标签上注明是"佐餐"酱油，还是"烹调"酱油。前者可以直接生吃，故其卫生指标要求更高，更干净；后者适合烹调菜肴加热后再食用，故其卫生指标要求低一些，不如前者干净。用"佐餐"酱油烹调菜肴是可以的，而用"烹调"酱油直接凉拌或蘸食则不可取。酱油还分为生抽和老抽，一般来说，生抽炒菜，老抽上色。

（4）选择"铁强化酱油"

"铁强化酱油"是按照国家标准和相关管理部门的要求加入了"EDTA铁钠"（乙二胺四乙酸铁钠）的优质酱油，其铁含量丰富，有助于防治缺铁性贫血，适合所有人食用，尤其适合孕妇、贫血患者或有贫血倾向的人。但购买的时候请看准"强化食品专用标志"。铁强化酱油一般为定点生产，有专门的标准和严格的管理，其安全性与其他酱油一样，消费者不必担心铁过量的问题，可放心选购。

12."吃醋"一词是怎么来的

说起吃醋，现在常用"吃醋"来形容男女之间在爱情生活中产生的嫉妒情绪。据说这个典故来自唐代，唐太宗李世民手下有个谋士——当朝宰相房玄龄，为了表彰他的功绩，李世民不仅封他为梁王，还令人为其纳妾，怎料他的妻子无论如何也不肯同意这桩婚事。李世民得知此事后，派人到房府劝说房夫人，并安排送去一壶"毒酒"，传话道，如果不同意房玄龄纳妾，便只好请房夫人饮下毒酒。没想到房夫人确有几分刚烈，宁死都不愿委曲求全，端起那杯"毒酒"一饮而尽。当房夫人喝完后，才发现所谓的毒酒是皇帝用来吓唬自己的，杯里装的其实是带有酸甜香味的浓醋。见房夫人意志如此坚决，李世民后来再也没提送美女的事了。从此房夫人舍命反对纳妾而吃醋的故事便流传下来了。本来这个典故并没有多少文字记载，可我国著名文学家曹雪芹先生在《红楼梦》中又把"妒嫉"与"醋意"联在了一起。原文写道："袭人听了这话……，少不得自己忍了性子道：'妹妹，你出去逛逛，原是我们的不是。'晴雯听她说'我们'，自然是她和宝玉了，不觉又添了醋意……"经曹先生这么一写，《辞海》中对醋的解释又加上一条："因嫉妒而感到心酸。""吃醋"被引申为"嫉妒"也由此而来。

13. 醋为什么具有独特的酸香气味

　　食醋中的芳香成分虽然含量极少，却能赋予食醋特殊的芳香及风味。这些香气主要来源于大米、糯米、麸皮、草药等酿造原料和发酵过程中产生的挥发性物质。目前已确认的香气成分共有103种，主要包括醇类、酯类、酸类、醛类、酚类、呋喃、吡嗪等。

　　醇类是酵母发酵的主要产物，其中含量最高的是乙醇，除此之外还有丙醇、异丙醇、异丁醇、异戊醇、苯乙醇等。醇类化合物的风味比较柔和，但若高级醇（即含有六个碳原子以上一元醇的混合物）过量，则会引起苦涩的感觉。

　　酯类是酵母发酵的副产物，具有类似水果的香气，是食醋香气的重要成分，通常越名贵的醋，酯类含量越高，食醋中常见的酯类包括乙酸丁酯、乙酸异戊酯、乳酸乙酯、乙酸乙酯、辛酸乙酯等，乙酸乙酯具有浓郁的菠萝气味和香蕉气味，辛酸乙酯具有令人愉悦的花香味。

　　食醋中的挥发性酸包括甲酸、乙酸、丙酸、丁酸、戊酸和辛酸等。它们主要来源于醋酸发酵和酯类物质的分解，其中含量最高的是乙酸，即醋酸，有较强的刺激性，其次是香气较弱的乳酸。

　　食醋中还含有多种由美拉德和热降解反应产生的呋喃类、吡嗪类的杂环化合物。呋喃类化合物表现出焦香、甜、苦和可可豆的风味，而吡嗪类化合物常表现出坚果和烘烤的香气。

　　这些挥发性成分交织在一起，共同赋予了食醋特有的香气，并且能够刺激大脑中枢，使消化液大量分泌，改善消化功能。

14. 醋的颜色是怎么产生的呢

我们日常生活中见到的醋，除白醋是无色透明的，其他醋多多少少都有点儿颜色。陈醋色如琥珀，米醋微微泛黄，玫瑰醋则呈现出剔透的玫瑰红。

食醋中的颜色主要来源于几个方面：

①原料本身的色素带入醋中。

②原料预处理时发生化学反应而产生有色物质进入食醋中。

③发酵过程中因化学反应、酶反应而产生的色素。

④微生物的有色代谢产物。

⑤熏醅时产生的色素。

其中酿醋过程中发生的美拉德反应是形成食醋色素的主要途径。熏醅时产生的主要是焦糖色素，是多种糖经脱水、缩合后的混合物，能溶于水，呈黑褐色或红褐色。

15. 鱼刺卡喉，喝醋就能解决吗

民间流传，如果有鱼刺卡住喉咙，可以大口喝醋，醋酸能与鱼骨头的主要成分碳酸钙发生化学反应，使鱼刺软化，顺带把鱼刺冲下去。

实际上这是非常错误的做法。一方面，将鱼刺泡在醋里，往往需要一段时间才能逐渐软化，所以，只有醋酸能够在鱼刺卡喉的位置停留足够长的时间，才能达到软化鱼刺的效果。但喝下的食醋通常顺流而下，根本带不走鱼刺，甚至会产生适得其反的效果——反复吞咽导致鱼刺越扎越深。另一方面，大量饮用食醋对胃肠道也具有刺激作用，引起胃黏膜受损。

因此，如果进食过程中咽喉被异物卡住时，在异物被取出前，应严格禁食，更不能以喝醋或吃馒头等不正确的方法处理，尽量减少做吞咽动作，以免异物刺入更深的部位。如果是小毛刺，可保持平静状态，不要使劲吞咽，待刺痛感自行缓解；若异物较大，无法自行取出，则尽快去医院就诊，以免发生意外。

16. 白醋熏蒸能杀菌、预防感冒吗

每到流感等疾病高发季节，民间就掀起一股用白醋熏蒸消毒、杀菌和预防感冒的热潮。

但这样做并没有科学依据。尽管一定浓度的醋酸确实有消毒、杀菌的作用，但食醋中含醋酸浓度很低，远达不到有效杀菌的剂量。

此外，如果熏醋的浓度过高、时间过长，其散发出的酸性成分会刺激人体的呼吸道黏膜，对于敏感的儿童、老人以及有气管炎、肺气肿、哮喘病史的人而言，很有可能诱发呼吸系统疾病。

熏蒸白醋

对家庭而言，预防感冒以及消毒最好的办法就是及时通风，保持室内空气干净、新鲜，而不是盲目熏醋。

17. 喝醋，吃醋泡黑豆、醋泡花生能软化血管、降血压吗

互联网上热传，醋泡花生、醋泡黑豆有清热、活血的功效，对保护血管壁、阻止血栓形成有较好的作用，喝进体内的醋能让血液呈酸性，可以溶解血管壁的脂肪。养成经常喝醋，食用醋泡黑豆、醋泡花生的习惯可以辅助软化血管，对降低血压和血脂，预防高血

醋泡花生

压有一定作用。但实际上，这种说法是靠不住的。

单纯靠某个偏方，吃某种食物不可能达到降血压效果。黑豆富含丰富的植物蛋白、膳食纤维和微量元素，花生是优质脂肪酸的来源，二者本身都是营养价值很高的食物，用醋浸泡并不会将营养成分翻倍。另外，人体的血液里有很强大的稳定系统，pH维持在7.35~7.45，我们喝下去的醋经过代谢，到达血液后已不再是醋酸的形式，不会导致血液酸碱度发生明显改变，如果喜爱醋泡黑豆或者醋泡花生的口感，可以将其作为零食或小菜，但不要寄希望于只依靠此法可以软化血管、降血压。

18. 醋泡香蕉减肥，靠谱吗

　　互联网上流传风靡日本的减肥法——醋泡香蕉减肥法，即每天三餐时间喝3勺香蕉醋就能起到减肥的作用，此方法是借由"柠檬酸循环"发挥瘦身作用，据说1个月可以瘦4 000克。当醋中所含的醋酸、柠檬酸、苹果酸进到人体内，就会发生柠檬酸循环作用，即使吃了高热量的食物，也不容易囤积脂肪，柠檬酸循环还会因为香蕉所含的葡萄糖变得更加活跃。看到这里想减肥的你是不是已经心动了？

　　但实际上，这样的减肥方法是不靠谱的。对于没有生物学基础的人而言，柠檬酸循环似乎是个深奥的词汇，事实上，我们身体中无时无刻不在进行着这种生化反应，它是机体将糖或其他物质氧化获得能量的最有效方式，是糖、脂、蛋白质三大物质代谢与转化的枢纽。醋里含有的苹果酸、柠檬酸确实能参与柠檬酸循环，但它们也并非什么稀奇的营养成分，进入体内后，其命运也只是被分解代谢掉而已。

醋泡香蕉

　　如果仅仅是每天多喝几勺醋，完全不去调整饮食，不控制摄入的总热量，不进行有效锻炼，是不可能变瘦的。况且香蕉属于高热量的水果，相较于其他的醋，香蕉醋的热量可能更高。

19. 醋泡鸡蛋能补钙吗

　　将鸡蛋泡在醋里，等蛋壳融化，鸡蛋只剩一层软皮之后，喝下鸡蛋醋可以补钙。这种说法靠谱吗？

蛋壳中94%以上是碳酸钙，食醋能将蛋壳中的碳酸钙转变为醋酸钙，醋酸钙的吸收效率比碳酸钙高一点，不过这种醋的味道又酸又苦，难以下咽。且食用蛋壳醋后，醋酸钙会快速被吸收入血，容易引起血钙含量迅速变化。

醋泡鸡蛋

一般人每天需要800～1 000毫克的钙，其实补钙最有效最方便的办法就是喝牛奶，因为人体对牛奶中钙的吸收率是最高的，1杯就基本解决补钙的问题。另外维生素D有利于钙质被人体吸收，晴天的时候多晒晒太阳，让人体多合成一些维生素D，也可以帮助补钙。

20．醋能缓解烫伤吗

据说被烫伤时及时用醋涂抹受伤处，就能避免留下疤痕，这是不科学的。

最好不要用醋涂抹伤口。烫伤是由高温蒸气、高温固体或高温液体所引起的人体损伤。任何情况下的烫伤都是不可以用醋来治疗的。一方面，醋不具有杀细菌的作用，另一方面，醋具有刺激性，可能会导致疼痛加剧，有发生疼痛休克的风险，再者，这些有颜色的醋粘附到伤口上后，对医生后期的创面观察处理带来阻碍。

一般情况下，轻微或小面积的烫伤只需要用冷水冲洗，然后涂上烧伤膏即可。以后按时清理旧的烧伤膏，再涂上新的烧伤膏，注意适量多饮水，可以应用适量抗生素等。但如果烧烫伤面积大，则需要到正规医院机构进行输液治疗，以防身体出现脱水。

21．腊八蒜为什么会变绿

华北大部分地区有制作腊八蒜的习惯，在农历腊月初八这天，将蒜瓣去皮，浸入米醋中，装入小坛密封严实，放到低温阴凉处贮藏。一段时间后，泡在醋中的蒜就会逐渐变绿，最后通体碧绿如同翡翠，是吃饺子的最佳佐料。

大蒜富含天然的含硫化合物，所谓的蒜味便源于此，同时它也含有一些氨基酸和有机酸类。在正常情况下，这些物质本是无色的，而当"老蒜"处于低温环境时，其中的蒜酶被激活，含硫化合物在蒜酶的作用下可生成大蒜色素的前身。炮制腊八蒜的醋提供了酸性的条件，有利于腊八蒜色素的形成。色素的转变过程为，先产生蒜蓝素，再转变为蒜绿素，最终使大蒜变绿。不过，其中的蓝色色素性质并不稳定，温度略高就容易分解。因此，若腊八蒜放上了1个月，就会从蓝绿色逐渐变成黄绿色，最后变成浅黄色。醋在腊八蒜的制作过程中起着十分重要的作用，促进大蒜中氨基酸和硫化物的溶出，增加了醋本身的风味；另外，醋还增加了大蒜细胞膜的通透作用，使大蒜在不破坏细胞壁的前提下变绿。

腊八蒜

22. 烧水加醋后水碱消失了，水还能喝吗

自来水中溶解着大量的钙离子和镁离子，这些可溶性的盐受热之后，溶解度降低，从溶于水的形式转变为难溶于水的形式，产生水垢。水垢中还可能有一些氯化物、硫酸盐、硝酸盐甚至汞、镉、铅、砷等有害物质。醋与碳酸盐反应使水垢消失的同时有害物质也再次溶解到水中了，虽然不会增加危害但并不建议喝。

23. 经常喝醋会变酸性体质吗

经常喝醋会不会把身体喝成酸性体质呢？听说酸性体质比较容易得癌症。那么，什么是"食物的酸碱性"，什么是"酸性体质"？

在朋友圈流传甚广的酸性体质的基本概念是，当人体体液的pH处于7.35~7.45的弱碱状态是最健康的，但大多数人由于生活习惯及环境的影响，体液pH都在7.35以下，他们的身体处于健康和疾病之间的亚健康状态，这些人就是酸性体质者。酸性体质是"三高"、糖尿病、癌症等疾病的源头之一。

这种观点中提到的体液概念十分模糊，因为人不同的体液的pH不尽相同。对于健康人群来说，血液的pH稳定在7.35~7.45，而唾液pH是6.0~7.5，胃酸则属于强酸。

民间流传的关于酸性体质的说法缺乏科学依据，体质与人体血液的pH及食物的酸碱性也并无直接关联。从营养学的角度来看，将食物简单划分为酸性和碱性，日常饮食中刻意多吃碱性食物，少吃酸性食物，并没有什么科学意义。在生命活动过程中，体内不可避免地产生酸性的代谢产物（碳酸、乳酸等）和碱性的代谢产物。但人体自有强大的酸碱调节系统，可

调节机体的酸碱平衡，使人血液的pH无时无刻不处于6.9～7.7稳定的动态平衡之中。

在生活中，人们往往是靠味觉或者靠pH这个物理指标来区分食物是酸性还是碱性。比如柠檬和醋尝起来是酸的，pH小于7，所以是酸；苏打水带一点涩味，pH大于7，所以是碱。因此醋是酸性食物，这似乎天经地义。可实际上食物的酸碱性并不由它本身的pH来决定，而是取决于食物中所含有的矿物质的种类及含量。

在食品化学研究中，区分"酸性食物""碱性食物"的依据是食物燃烧后所获得灰分的化学性质。如果灰分中含有较多的钠、钾、钙、镁等元素，其溶于水后产生碱性溶液，则这类食物被称作碱性食物，包括各种蔬菜、水果、豆类、奶类等；如果灰分中含有较多的氮、硫、氯等元素，其溶于水后产生酸性溶液，则这类食物被称作酸性食物，包括淀粉含量丰富的谷物，以及蛋白质含量丰富的猪、牛、羊、鸡、鸭、鱼等。

知道这些有用的知识，大家就能放心地喝醋了。

24. 苹果醋和苹果醋饮料有什么区别

早在20世纪90年代初，我国曾掀起过一段时间的醋酸饮料热。醋酸饮料被誉为是继碳酸饮料、饮用水、果汁和茶饮料之后的"第四代"饮料，有的厂家开发过高档葡萄醋饮料，但是由于当时价格昂贵，市场切入点不准，宣传力度不够，以及受到人们消费观念、生活水平等因素制约，没有持续多久，很快便销声匿迹。如今果醋又借着"减肥""营养"等概念重出江湖，而事实上果醋和果醋饮料有着本质的区别。

根据我国现行的国家标准GB/T30884-2014（2015年4月1日实施），苹果醋饮料是以饮料用苹果醋为基础原料，可加入食糖和（或）甜味剂、苹果汁等，经调制而成的饮料。而饮料用苹果醋是以苹果、苹果边角料或浓缩苹果汁（浆）为原料，经酒精发酵、醋酸发酵制成的液体产品。因此，若想要瘦身减肥，一定要擦亮双眼，认真地看包装上的配料表及营养成分表。比如该品牌的苹果醋饮料，成分为水、苹果醋、浓缩苹果汁、果葡糖浆、食品添加剂，这样的产品充其量只能算得上是一款维生素C比较丰富的糖饮料，用来代替白开水根本起不到减肥的作用。